杉本裕明
Hiroaki Sugimoto

ルポ にっぽんのごみ

岩波新書
1555

目　次

序　章

にっぽんのごみ

ごみ減量の基本は分別．徳島県上勝町は **34** 分別

ごみの基礎データ

環境省の調査によると、日本で一年間に発生するごみ＝廃棄物は、家庭から出る家庭ごみと、商店、ビルなどから出る事業系ごみからなる一般廃棄物が、四四八七万トン（二〇一三年度）である。このなかには、町内会など地域の団体が、時間と場所を決めて古紙などを回収して回収業者に引き渡す集団回収量も含まれる。

工場などの事業活動から出た産業廃棄物は、三億七九一四万トンある（二〇一二年度）。この産業廃棄物の処理責任は事業者にある。

一方、一般廃棄物の処理責任は市区町村（以下、市町村）にある。最近は、ごみ袋を有料化し、処理費用の一部にあてる市町村が増えている。

図1は、一般廃棄物の総排出量と、一人一日当たりのごみの排出量、リサイクル率の推移である。

全国のごみの排出量は、戦後増え続け、図1にあるように、二〇〇〇年度には五四八三万トンとピークを迎えた。その間、自治体は、焼却施設の建設と焼却灰や不燃ごみを埋め立てる

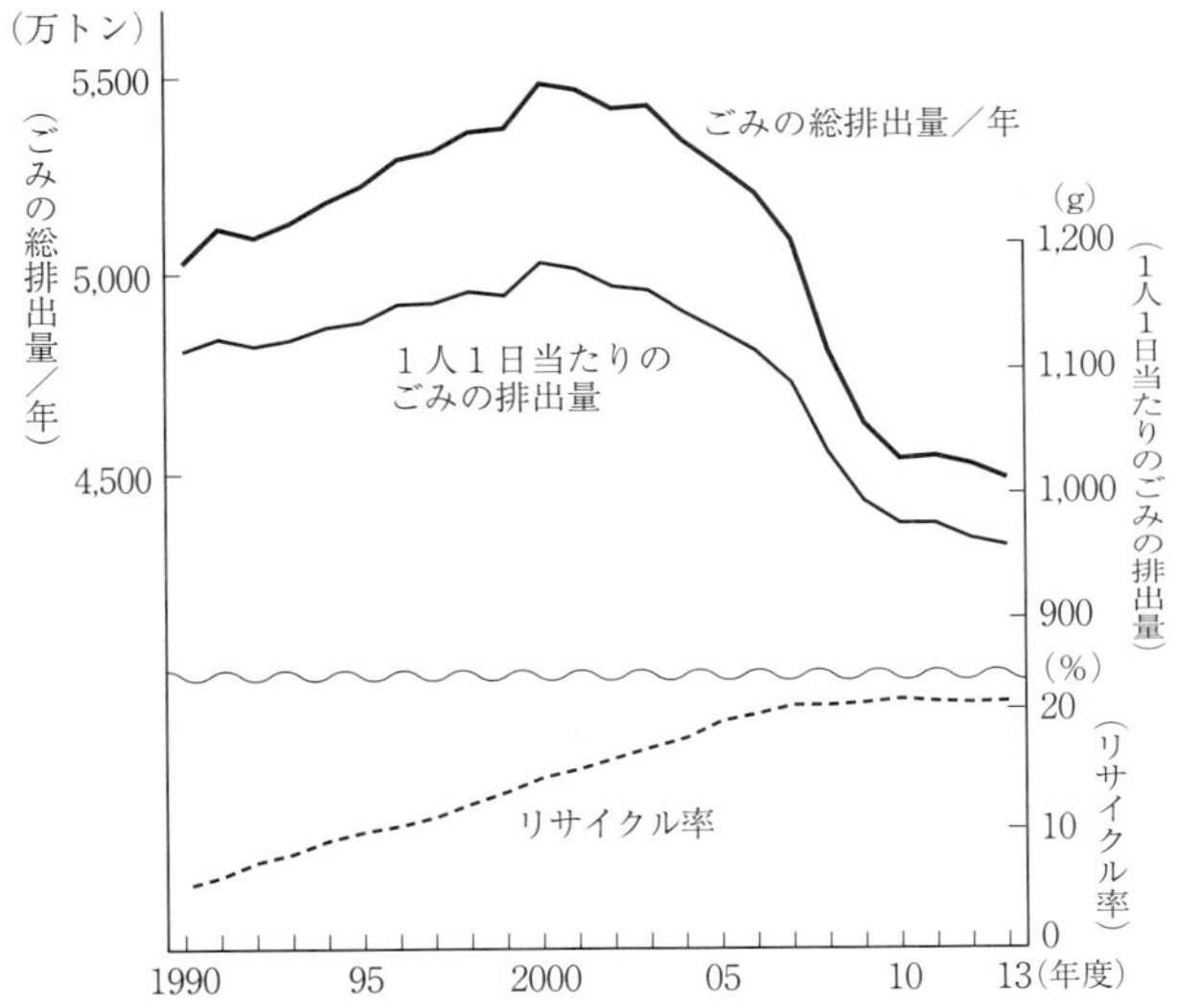

図1　ごみ(一般廃棄物)の排出量とリサイクル率の推移
出典：環境省のデータをもとに作成.

「最終処分場」の整備に追われた。

やがて、景気の低迷や、自治体や事業者がリサイクルと、ごみ減量に取り組んだことで、減少に転じた。二〇一三年度の排出量は四四八七万トンと、ピーク時に比べて約二割少ない。四四八七万トンの内訳は、家庭ごみが二九一七万トン、事業系ごみが一三一二万トン、集団回収量が二五八万トンである。ごみの約四分の三が焼却施設で燃やされているが、焼却量も二〇〇一年度の四〇六三万トンをピークに、二〇一三年度は三三七三万トンと減少傾向にある。

一方、古紙、ペットボトルなどの資

源ごみが、ごみの総排出量（ごみの排出量と集団回収量の合計）に占める比率を表すリサイクル率は、二〇一三年度には二〇・六％であった（図1）。一九九〇年度の五・三％から上昇してきたが、二〇〇七年度に二〇％を超えてからは頭打ち状態になっている。

また、自治体によってリサイクル率の差は大きく、最も高い自治体は、人口が一〇万人未満では鹿児島県大崎町が八〇・〇％、一〇万〜五〇万人未満では東京都小金井市が五二・四％、五〇万人以上では千葉市が三二・三％となっている。

リサイクル率が、ごみとして処理・処分してしまわず、資源として有効活用しているかどうかを測るバロメーターになっているため、リサイクル率を高めようと自治体が競い合う傾向が強い。

環境省の調査によると、産業廃棄物の排出量は、一般廃棄物の八倍以上にのぼり、内訳は汚泥が四三・四％、動物の糞尿が二二・五％、がれき類が一五・五％などである。総量のうち、再生利用された量が五四・七％、汚泥から水分を除くというように減量化された量が四一・八％を占める。家庭ごみと違って、リサイクルしやすい単一素材で排出されることなどから、もともとリサイクル率は高いのが特徴だ。

それでは身近な家庭ごみは、どんなもので成り立っているのか。多くの自治体は、数年に一回、ごみ袋を開封して組成調査をしている。

図2は、二〇一〇年度の東京都杉並区の調査結果だ。焼却施設に持ち込まれる可燃ごみは、生ごみ、紙類、プラスチック類、草木類、繊維類などが多くを占める。埋立処分される不燃ごみは、金属類、陶磁器、小型家電製品などが多い。

時代とともに、組成は変化しており、容器包装プラスチックのリサイクルがおこなわれる以前は、プラスチックごみの割合が多かった。可燃ごみを見る限り、生ごみと紙のリサイクルがもっと必要なことがわかるだろう。

ごみを処理するための法律

ごみを処理するためのいくつかの法律のうち、中心となるのが廃棄物処理法（正式名・廃棄物の処理及び清掃に関する法律、一九七〇年制定）である（図3参照）。「廃棄物の排出を抑制し、及び廃棄物の適正な分別、保管、収集、運搬、再生、処分等の処理をし、並びに生活環境を清潔にすることにより、生活環境の保全及び公衆衛生の向上を図ることを目的とする」（第一条）とし、廃棄物を産業廃棄物（二〇種類）とそれ以外の一般廃棄物に分け、産業廃棄物の処理責任は排出事業者、一般廃棄物は市町村にあるとしている。

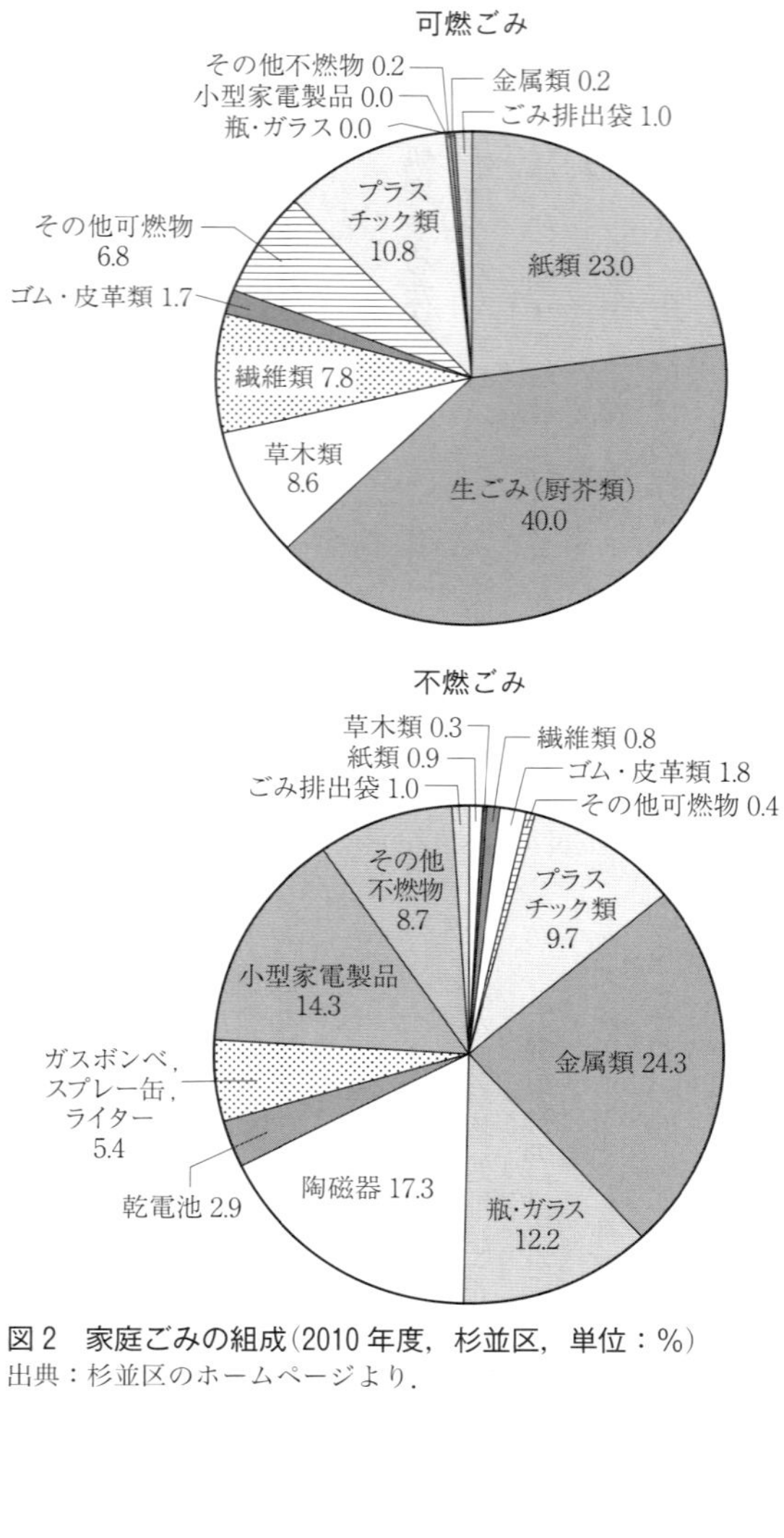

図２　家庭ごみの組成（2010 年度，杉並区，単位：％）
出典：杉並区のホームページより．

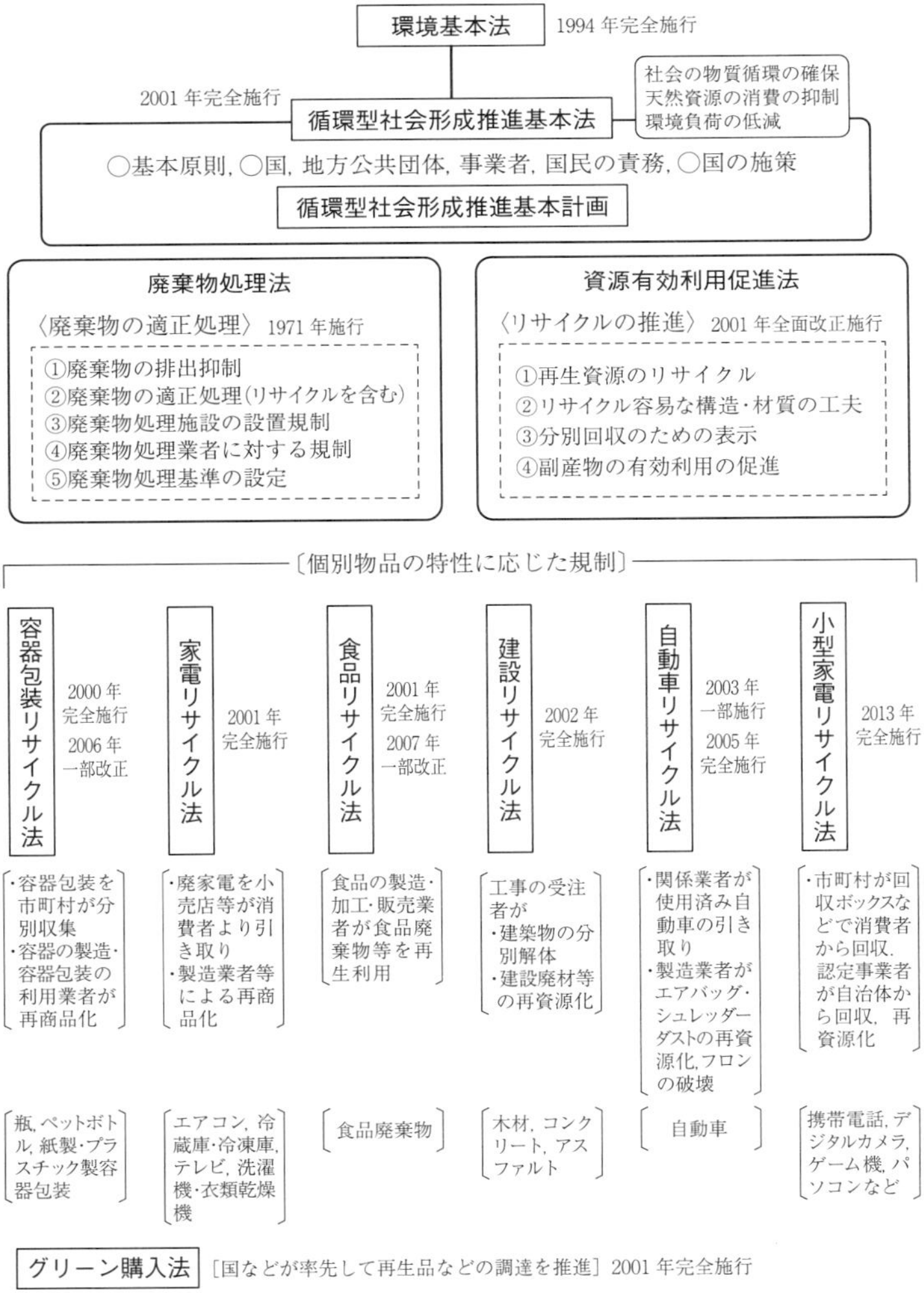
環境基本法
1994年完全施行
2001年完全施行
循環型社会形成推進基本法
社会の物質循環の確保
天然資源の消費の抑制
環境負荷の低減
○基本原則, ○国, 地方公共団体, 事業者, 国民の責務, ○国の施策
循環型社会形成推進基本計画
廃棄物処理法
〈廃棄物の適正処理〉 1971年施行
①廃棄物の排出抑制
②廃棄物の適正処理(リサイクルを含む)
③廃棄物処理施設の設置規制
④廃棄物処理業者に対する規制
⑤廃棄物処理基準の設定
資源有効利用促進法
〈リサイクルの推進〉 2001年全面改正施行
①再生資源のリサイクル
②リサイクル容易な構造・材質の工夫
③分別回収のための表示
④副産物の有効利用の促進
〔個別物品の特性に応じた規制〕
容器包装リサイクル法
2000年完全施行
2006年一部改正
・容器包装を市町村が分別収集
・容器の製造・容器包装の利用業者が再商品化
瓶, ペットボトル, 紙製・プラスチック製容器包装
家電リサイクル法
2001年完全施行
・廃家電を小売店等が消費者より引き取り
・製造業者等による再商品化
エアコン, 冷蔵庫・冷凍庫, テレビ, 洗濯機・衣類乾燥機
食品リサイクル法
2001年完全施行
2007年一部改正
食品の製造・加工・販売業者が食品廃棄物等を再生利用
食品廃棄物
建設リサイクル法
2002年完全施行
工事の受注者が
・建築物の分別解体
・建設廃材等の再資源化
木材, コンクリート, アスファルト
自動車リサイクル法
2003年一部施行
2005年完全施行
・関係業者が使用済み自動車の引き取り
・製造業者がエアバッグ・シュレッダーダストの再資源化, フロンの破壊
自動車
小型家電リサイクル法
2013年完全施行
・市町村が回収ボックスなどで消費者から回収, 認定事業者が自治体から回収, 再資源化
携帯電話, デジタルカメラ, ゲーム機, パソコンなど
グリーン購入法
［国などが率先して再生品などの調達を推進］ 2001年完全施行

図3　循環型社会の形成を推進するための法体系
出典：『環境白書』(平成21年版)などをもとに作成.

ここには、国、自治体、事業者、市民の役割や責務、処理業の許認可、罰則など、廃棄物の処理にかかわるあらゆる規定が網羅されている。しかし、もともとごみを衛生的に処理するための法律で、一九九一年に法改正されるまでは発生抑制(リデュース)や再生利用(リサイクル)の考え方がなかった。九一年に資源の有効活用を進めるために「再生資源利用促進法」(正式名・再生資源の利用の促進に関する法律、現・資源有効利用促進法)が制定されたのを皮切りに、品目ごとにリサイクル法が制定されるようになった。

前ページの図3のように、「環境基本法」(一九九三年制定)が最上位にあり、その下に基本的枠組み法と言われる「循環型社会形成推進基本法」(二〇〇〇年制定)が位置する。この基本法は、循環型社会に向けた理念や基本的な枠組みを示し、その下に「廃棄物処理法」と「資源有効利用促進法」(正式名・資源の有効な利用の促進に関する法律)が配置されている。

しかし実際には、基本法の効力はこれらの二つの法律に及ばない。たとえば「資源有効利用促進法」は、資源化に取り組むべき一〇業種と、六九品目を指定し、事業者が取り組むべき事項を定めている。パソコンのリサイクルも同法のもとで、購入時にリサイクル費用を含むことで、廃棄時にメーカーが自主的に無料回収する仕組みになっている。

個別のリサイクル法の仕組み

リサイクルを進めるため、プラスチックや紙の容器包装、テレビや冷蔵庫などの家電製品、自動車、食品廃棄物など、品目ごとにリサイクル法が制定されているのが日本の特徴だ。メーカーに回収やリサイクルを義務づけたりしているが、その方法は法律によってまちまちだ。先の廃棄物処理法は、あらゆる不要物を廃棄物として、運び方から処理方法に至るまでこと細かく規制しているので、リサイクルする際に障害となることも多い。そこで、個別のリサイクル法では、資源ごみの移動などについて規制を免除する特例措置を設けたりしている。

個々のリサイクル法について、簡単に説明しよう。

容器包装リサイクル法(正式名・容器包装に係る分別収集及び再商品化の促進等に関する法律)は、ペットボトルや容器包装プラスチックなどの容器包装を市町村が分別収集し、容器包装の製造・利用業者(容器メーカーや飲料メーカー、スーパーなど)でつくる公益財団法人日本容器包装リサイクル協会(以下、容器包装リサイクル協会)に引き渡すよう定めている。協会は、ペットボトル、瓶などの品目ごと、また引き渡した自治体ごとに入札をおこない、落札したリサイクル業者がリサイクルをする。その費用には、特定事業者といわれる容器包装の製造・利用業者が払う委託料を充てる。

消費者が排出した家庭系の容器包装が対象で、同じペットボトルでも、自動販売機の業者やスーパーが回収した事業系ごみのペットボトルや工場から排出された産業廃棄物のペットボトルは、法律の対象外になっている。

家電リサイクル法(正式名・特定家庭用機器再商品化法)は、家庭から排出されたエアコン、テレビ、冷蔵庫・冷凍庫、洗濯機・衣類乾燥機の家電四品目が対象。販売業者による引き取りと、メーカーによるリサイクルが義務づけられている。

消費者は家電製品を廃棄する際、家電店などで「リサイクル券」を購入し、メーカーはユーザーが払った料金をリサイクルに充てている。またメーカーには定められたリサイクル率の達成と、フロンが含まれている製品からのフロンの回収が義務づけられている。

食品リサイクル法(正式名・食品循環資源の再生利用等の促進に関する法律)は、食品関連事業者に、食品廃棄物の発生抑制、減量、再生利用の取り組みを求めている。そして「再生利用等実施率」(発生抑制量とリサイクル量などの合計値を発生抑制量と発生量の合計値で割った値)を定めて、食品廃棄物の発生量が一〇〇トン以上の事業者に取り組みの報告を義務づけている。

また、肥料などに再生利用する事業者には「登録再生利用事業者」、食品廃棄物を排出する事業者には「再生利用事業計画認定制度」という二つの制度を設け、廃棄物処理法の規制を一部免除するなどの特例を与えることで、事業者の取り組みを支援している。ただし、家庭から出る生ごみは法律の対象外になっている。

建設リサイクル法(正式名・建設工事に係る資材の再資源化等に関する法律)は、一定規模以上の解体工事や新築工事、リフォーム工事などで、コンクリート、コンクリートおよび鉄からなる建設資材、アスファルト・コンクリート、木材の四品目の分別解体とリサイクルを、建築、解体業者に義務づけている。

自動車リサイクル法(正式名・使用済自動車の再資源化等に関する法律)は、ユーザーが新車を購入する際にリサイクル料金を払い、メーカーでつくる公益財団法人自動車リサイクル促進センターが預かり、管理する。その車が廃車になったときに、各メーカーがその預託金でリサイクルをおこなう。カーエアコンのフロン、エアバッグ、破砕《はさい》くずの回収と適正処理が、メーカーに義務づけられている。

小型家電リサイクル法(正式名・使用済小型電子機器等の再資源化の促進に関する法律)は、家電リサイクル法の枠外の携帯電話やデジタルカメラ、ゲーム機、電子レンジなど多様な家電・電子機器類が対象である。対象品目は二八あり、家庭用の大型のマッサージ器やランニングマシンも含まれる。

消費者から自治体が集めた小型家電を認定事業者が回収して、精錬所などで貴金属やレアメタルを取り出し、有効利用する。回収への参加や、どの品目を回収するかは、市町村の判断に委ねられている。消費者は、費用を負担せずにすむ。しかし、自治体が収集費用を負担せずにすむように、回収ボックスが公共施設などに置かれていて、消費者が持ち込むことが多い。

グリーン購入法(正式名・国等による環境物品等の調達の推進等に関する法律)は、国の機関や独立行政法人に、リサイクル製品など環境に優しい物品の購入を進めるための調達方針を作成、公表することを義務づけるとともに、地方自治体にも努力義務を定めている。

これらのごみに関する基本的な知識をもとに、ごみのリサイクルや処理のありかたなどについて、詳しく見ていきたい。まずは、家庭から排出されたごみがどこに行っているのか、見ていこう。

第 *1* 章

ごみはどこに行っているのか？

エコセメント施設で焼却灰をセメントに(東京都日の出町)

九〇〇万人のごみを受け入れる東京湾の埋立処分場

東京湾の湾奥部、江東区に約六〇〇ヘクタールの人工島がある。その高台の展望台から見渡すと、眼下には荒れ地が広がり、海に向かって新たな埋立地がのびる。この広大な一帯が、九〇〇万人が住む東京二三区から排出されたごみの焼却灰の埋立処分場だ。焼却などの中間処理をへて最後におこなう処分であることから、「最終処分場」とも呼ばれる。

海側にある、新海面処分場と呼ばれる焼却灰の埋立地の一角では、九二〇トンの放射性廃棄物が保管されていた。フレキシブルコンテナバッグ(大型の袋状の包材)に詰め、それを二、三段に積み上げ、シートをかぶせているというが、手前で焼却灰の埋め立てが進み、地面が盛り上がっているため、高台からは見えない。放射性廃棄物とは、福島第一原発事故で放射能に汚染されたごみや下水汚泥を燃やし、放射性物質のセシウムが一キロ当たり八〇〇〇ベクレルを超える焼却灰のことである。管理型処分場(埋立地からの浸出水が地下水などを汚染しないように遮水シートや集水設備、水処理施設を備えている)に埋め立てることが許されず、あくまで「一時保管」の位置づけである。しかし、適当な処分先が見つからず、撤去される可能性は、いまはない。

ここに持ち込んだ理由について、東京二十三区清掃一部事務組合の幹部は「この周辺に住宅地がないのが一番の理由だ。この処分場は、都内で最も安全に保管できる場所だから、このままにしておくのがいい」と話す。

展望台の真下では、ごみ収集車が不燃ごみを持ち込み、ショベルローダーが土をかけて埋めている。不燃ごみには陶器やガラスなどのほかに、かなりの量の容器包装プラスチックが混じっている。プラスチックのリサイクルをする区がなお、二三区の半分にとどまっているからだ。

焼却灰は組合の清掃工場から、不燃ごみはこの近くにある破砕処理施設で金属などを取り出したあと、ここに運ばれている。ガス抜きのパイプも見える。地下で有機性ごみが発酵し、メタンガスが発生するからである。メタンガスは二酸化炭素の二〇倍以上もの温室効果があると言われる。食品残渣《ざんさ》が付着することなどを理由に、容器包装プラスチックの持ち込みが二〇〇八年に禁止された後もなお、地中では発生し続けているのだ。

この人工島は、東西に走る中央防波堤を境に、埋め立てが終わった防波堤内側埋立地と、防波堤外側埋立処分場に分かれる。埋め立ては内側から始まり、一九七三年から八六年までに一二三〇万トンのごみが埋め立てられた。その途中から防波堤の外側での埋め立ても始まり、九八年からさらに外洋側の新海面処分場の埋め立てが開始された。まるで東京湾を侵食するアメーバのようだ。ごみを埋めた跡地は地盤が悪くて公園にするしかなく、この展望台の地下も三〇メートル近く、ごみが埋まっている。

広大な処分場は、「燃やして埋める」という、かつてのごみ処理政策の遺物と言ってもいい。ごみが右肩上がりで増えていたころ、あと数年で満杯になって溢《あふ》れてしまうと、国は危機感をあおった。この対岸の千葉県側の海を埋め、首都圏の自治体のごみを持ち込もうと、国が構想を練ったことがあったが、千葉県の反対で消えた。

都の処分場に、二〇一三年度には五三万トンの廃棄物が埋められた。そのうち家庭やビルから出るごみは、焼却灰、不燃ごみ合わせて三六万トンある。かつては毎年三〇〇万トンを超える廃棄物が埋め立てられていたが、バブルが崩壊した九〇年代になると減り始め、リサイクル、資源化の動きが、さらにごみを減らしている。それでも東京都の計画によると、二〇二六年までに九八五万トンの廃棄物が埋まるという。

約八八万という二三区で最大の人口の世田谷区も、この処分場が頼りだ。家庭ごみは区内の事務組合の管理する区内の清掃工場で燃やし、発生した焼却灰は事務組合が東京湾に運ぶ。

一方、二三区の資源ごみは品目によって行き先がまちまちだ。二〇一四年度の空き瓶は、福島県天栄村と川崎市の再生工場、ペットボトルは川崎市と栃木県鹿沼市の工場、白色トレーは茨城県八千代町の工場といった具合だ。二〇一三年度の資源ごみのリサイクル率二一・四%は、一〇年前とほとんど変わらない。多くの自治体が回収する容器包装プラスチックは「区内に施設がなく、運搬費用がかかりすぎる」(清掃・リサイクル部)と、手つかずで、リサイクルはあまり重視していない。二三区のリサイクル率の平均は一八%と、全国平均を下回る。巨大な処分場が、いつまでもごみを受け入れてくれる。そんな安心感があるからに違いない。

しかし、同じ東京都でも、約四〇〇万人が住む多摩地域は、状況がまるで違う。

焼却灰の埋め立てをやめ、セメントに利用する多摩地域

東京の西にあるJR青梅線の東青梅駅から車で二〇分。巨大な施設が陽光で鈍く光る。高さ五九メートルの煙突の下に、セメント工場を象徴する焼成炉《しょうせいろ》がゆっくり回る。東京たま広域資源循環組合のエコセメント施設だ。

二〇〇六年から稼働しているこのプラントは、日の出町の二ツ塚処分場の一画にある。府中市、武蔵野市など二六市町の家庭ごみの焼却灰と不燃ごみが最終処分場に持ち込まれるが、埋め立てる不燃ごみはごくわずか。ほぼ全量がこのプラントでリサイクルされ、セメントに生まれ変わる。

組合が施設を所有し、太平洋セメントと荏原製作所が施設の設計、施工、運転、販売を引き受ける公設民営方式で、建設費は二五九億円。二〇年間の維持管理費を含めると、総額八六七億円の巨大事業だ。組合の太田哲郎参事は「このプラントのおかげで、埋め立ての大半を占めていた焼却灰の埋立量がゼロになりました」と語る。

多摩地域のごみは、都の最終処分場に受け入れてもらえない。二ツ塚処分場を埋め終わっても、新しく処分場をつくることは極めてむずかしい。そんな制約のなかでの究極の選択が、エコセメントだった。

焼却灰は乾燥機で水分を抜いた後、破砕機で異物をとり、金属を回収。石灰石と鉄を混ぜ、長さ六二メートル、直径四メートルの焼成炉で焼き、石膏を混ぜると粒状のエコセメントができる。二〇一三年に持ち込まれた七万七〇〇〇トンの焼却灰全量がリサイクルされ、処分場に埋めたのは一四〇〇トンの不燃ごみだけ。処分場(容量二五〇万立方メートル)は半永久的に使えるというわけだ。

しかし、ここに来るまでには紆余曲折《うよきょくせつ》があった。

組合は一九八四年、日の出町に谷戸沢《やとざわ》処分場をつくり、二六市町のごみを搬入していたが、八〇年代後半には早くも二つ目の処分場の必要性が高まった。九〇年代に入り、二つ目の二ツ塚処分場を建設しようとした組合は、住民の激しい反対運動にさらされた。住民たちが森の一部を買い取り、トラスト運動をしていた土地を東京都は強制収用し、処分場は完成した。だが、反対運動のしこりは残り、全国で三〇〇件にのぼるごみ処理施設をめぐる反対運動のシンボルにもなった。これを教訓に組合は、処分場が満杯にならないように、エコセメントのプラントを建設して、リサイクルとごみ減量に取り組むことになったのである。

二〇一三年度の多摩地域の自治体のリサイクル率は平均三七・五％と二三区の平均値の約二倍に達し、五二・四％の小金井市は、人口が一〇万〜五〇万人未満の自治体で全国トップだ。四一・〇％の府中市は、少し前まで、市内に一万五〇〇〇個のダストボックスを設置していた。鉄製のボックスは外から中身が見えず、「何でも捨てられる」と市民に歓迎されていた。しかし、焼却施設のある稲城市から、府中市からの持ち込み量をもっと減らすよう強く求められたことから、ダストボックスの廃止、ごみ袋の有料化、各家庭や集団住宅ごとに収集する戸別収集に踏み切った。「連日のように説明会を開き、職員たちが総出で市民にごみ減量を訴えた。リサイクルも積極的に進めた」と、今坂英一生活環境部長はふりかえる。

しかし、リサイクル目的で集めた資源ごみの行き先はさまざまで、かつ遠距離だ。たとえば、二〇一四年度のペットボトルは長野県飯田市、容器包装プラスチックは川崎市の昭和電工。無色と茶色の瓶は茨城県龍ケ崎市、それ以外の色の瓶は愛知県岩倉市の瓶工場。蛍光灯とボタン電池は北海道北見市の野村興産のイトムカ鉱業所。古紙は、古紙問屋の府中営業所で選別・圧縮し、国内外の製紙工場へといった具合だ。

"嫌われ者"の焼却灰は全国をさまよう

焼却施設は大半の自治体が自前で持っているが、最終処分場を確保できず、遠隔地にある民間業者に持ち込んでいるところも多い。いったんトラブルが起き、搬入できなくなると、新たな受け入れ先を確保するのが大変だ。

千葉県松戸市もその一つ。市の和名ケ谷クリーンセンターを訪ねると、大量のフレキシブルコンテナバッグが目に飛び込んできた。放射能で汚染された二〇トンの飛灰《ひばい》(煙突から出る直前に捕集された有害物質を多量に含む灰)を保管している。

かつて松戸市は市の焼却施設から出た焼却灰と飛灰を秋田県小坂町にあるグリーンフィル小坂に持ち込んでいた。ところが、二〇一一年三月の福島第一原発事故で、大量の放射性物質が関東地方にも飛来し、汚染された家庭ごみが焼却されて濃縮された。同年六月、環境省の指示で、八〇〇〇ベクレルを超える焼却灰は管理型処分場で埋め立てができなくなった。心配した松戸市が灰を測定すると、飛灰のセシウム濃度が四万ベクレルを超えた。そこで基準を超える灰の搬出を停止し、処分場の管理会社と町に連絡した。しかし、意図がうまく伝わらず、飛灰の入ったコンテナを積んだ列車は出発し、小坂町の処分場に埋め立てられてしまったのである。その後、これを知った秋田県と小坂町が松戸市に抗議し、埋めた灰を掘り起こし、回収することになった。

それでも、小坂町の怒りは収まらない。町は、焼却灰の持ち込みを認めた市との合意書を破棄した。廃棄物処理法は、家庭ごみを他の市町村に持ち込むときには、たとえ民間の処分場であっても、受け入れ側の市町村と協議することを定めている。小坂町も松戸市と毎年協議し、合意書を交わしてきた。破棄されたことで、松戸市のごみの行き場がなくなったのである。市の高橋義和環境担当部施設担当室長は「失った信頼関係を何とか取り戻したい」と、二〇一一年当時私に語ったが、その後も協議は途絶えたままだ。

それまで松戸市は、焼却施設から出た一万五〇〇〇トンの灰を、小坂町と、山形県、長野県、千葉県にある計四つの民間処分場に持ち込んでいた。しかし、小坂町に搬入できなくなったため、市職員が奔走し、遠方の民間処分場を何とか確保したという。担当者は「名前は公表できない。住民が受け入れに反対すれば、契約先に迷惑をかけてしまう」と話す。焼却灰は、どこまでも〝嫌われ者〟である。

基板から貴金属とレアメタルを取り出す

小坂町は、都会の家庭ごみの最終処分地という顔と別の顔を持つ。国内外から持ち込まれた資源ごみの携帯電話やパソコンなどから、電気回路が組み込まれた基板を集め、金などの貴金属やレアメタルを取り出す、いわゆる「都市鉱山」の顔である。

町にある小坂鉱山は、DOWAホールディングス発祥の地だ。黒鉱《くろこう》と呼ばれる金、銀、銅、鉛などが混じった鉱石を採掘、精錬し、足尾（栃木県）、別子（愛媛県）と並ぶ日本三大銅山として君臨した。やがて、海外から安価な黒鉱が入るようになり、競争力を失っていった。しかし、一九七五年に湿式煙灰処理工場を完成させて、黒鉱から銀や銅などの金属の回収方法を確立し、貴金属回収とリサイクル技術を蓄積した。九四年に鉱山が閉山された後、リサイクルに大きくカジを切った。

DOWAホールディングスの子会社で、精錬所を運営する小坂製錬の関屋宇太郎総務課長の案内で構内を歩いた。正門をくぐると、左に巨大な建屋があった。高さ一五メートル、直径五メートルのTSL（Top Submerged Lance）炉だ。一三〇〇度の高温で基板などを溶かした後、比重、溶解温度、化学反応の違いを利用し、大半を占める銅のほか金、銀の貴金属を取り出す。微粉炭を熱源とし、鉱石を使わず、基板などリサイクル原料だけでも精錬することができる。最終工程の電解工場では、純度を一〇〇%に高めた金を回収し、最後に鋳型に流して延べ棒にする。

その電解工場のなかに入った。従業員がゆっくりと槽《そう》をかきまわす。ヘルメット姿の従業員二人が、薄暗い工場のなかで、まばゆい光を放つ金の延べ棒を抱えていた。ブラシで延べ棒を研磨し、刻印を押して、倉庫に運び厳重に保管する。貴金属課のグループリーダーの佐藤司さんが言う。「この工場に配属されたとき、携帯電話から金の延べ棒ができるんだ、と驚いた。まさに現代の錬金術だと思う」。

延べ棒は、長さ二五センチ、幅八センチ、高さ四センチ。一二・五キロあり、持つと、ずっしり腰にくる。

この工場で、月約四〇本、年間六トンの金が生産され、東京の貴金属会社に販売している。国内にただ一つ残る金山の菱刈鉱山(鹿児島県)が産する約七トンに匹敵する。小坂製錬の効率がいいのは、鉱石に含まれる金は一トン当たり四〇グラムにすぎないが、携帯電話には一トン当たり三〇〇グラムも含まれているからだ。

基板の保管庫に入った。「これは東南アジアから来たものです」と関屋さん。ノキア社製の携帯電話がフレキシブルコンテナバッグに詰め込まれている。別のバッグにはパソコンなどから取り出した基板がつまっている。携帯電話、パソコンなどの電子機器には、カドミウム、鉛などの有害物質が含まれるが、レアメタルや金、銀などの貴金属を含む「宝の山」でもある。ここには、アジアや北米から輸入された基板だけでなく、国内で消費者が使い終わった小型家電の基板も持ち込まれる。

ごみ＝廃棄物といっても、その形態も処理方法も千差万別。一昔前までは燃やしたり埋めたりしていた廃棄物が、リサイクルによって、価値のあるものを取り出したり、再生資源に生まれ変わったりしている。しかし、数多くの法律が張りめぐらされ、国、自治体、事業者、市民が交差し、複雑怪奇なごみの世界をつくっている。

しばらくの間、「ごみの行方」を追いかけてみたい。

第2章

リサイクル大国の真実

容器包装プラスチックを光学式選別装置が素材別により分ける（千葉県富津市）

1　ペットボトルを求めて争奪戦

リサイクルの優等生

ペットボトルはリサイクルの優等生と呼ばれる。卵のパックやトレイ、繊維製品、シートなどにリサイクルされてきた。その資源となるペットボトルをめぐり、激しい争奪戦がくりひろげられている。

北九州市若松区響灘《ひびきなだ》の埋立地に広がる「北九州エコタウン」。自動車や家電、蛍光管のリサイクル施設などが集まる全国最大規模の静脈産業団地だ（製造業など製品を供給する産業を「動脈産業」、廃棄物を回収、再生利用する産業を「静脈産業」と呼ぶ）。

全国の先頭を切って、一九九七年、国がこの地区を「エコタウン」に指定すると同時に、西日本ペットボトルリサイクルが操業を開始した。新日本製鐵（現在の新日鐵住金）など民間五社と北九州市が共同出資して設立。粒状のペレットや綿のようなフラフといわれる再生原料を製造している。年間二万トンの処理量は、全国の自治体が一年間に容器包装リサイクル協会に引き渡す量の約一割を占め、約六〇を数えるペットボトルリサイクル業者のなかで、最大規模を誇る。

運び込んだペットボトルは、まず機械でキャップとラベルを除去して破砕。洗浄し、熱で溶かしてフィルターで異物を取り除き、ペレットとフラフにする。ペレットは制服やネクタイなどの繊維製品に、フラフはシートなどに使われている。もとの素材を生かしたリサイクルなので、材料リサイクルと呼ばれる。

鹿子木《かなこぎ》公春社長は、新日鐵の技術畑を歩んだ後、新会社設立と同時に社長に就任した。だが、その歩みは、順風満帆とはとても言えない。ペットボトルを自治体から得るための入札のたびに落札単価が乱高下し、他社に取ったり、取られたりのまるで戦国絵巻のような状況が続いている。

「このままでは、国内の資源循環が立ちゆかなくなってしまう」と鹿子木さんは言う。九州だけでなく、四国地方や中国地方の自治体の入札にも手をのばしているが、競争は激しく、契約先の自治体はくるくる代わる。

表1は、岡山県の市町における、西日本ペットボトルリサイクルと他の業者の落札結果の移り変わりを見たものだ。日本合繊(広島県福山市)とウツミリサイクルシステムズ(大阪市中央区)

2013	2014	2015
西日本ペットボトル (−28,501)	日本合繊 (−65,007)	ウツミリサイクルシステムズ (−26,660)
西日本ペットボトル (−29,501)	日本合繊 (−65,007)	ウツミリサイクルシステムズ (−26,660)
西日本ペットボトル (−29,501)	正和クリーン (−65,000)	西日本ペットボトル (−28,111)
西日本ペットボトル (−29,001)	ウツミリサイクルシステムズ (−59,098)	ウツミリサイクルシステムズ (−25,880)

落札単価はマイナス表記．15 年度は消費税抜き．
出典：日本容器包装リサイクル協会のホームページより．

の三者が激しく競り合い、毎年のようにめまぐるしく代わっている。

　こうした争奪戦は全国でも同じだ。ペットボトルの場合、当初は、業者が落札金額を受け取り、リサイクルしていたが、その後、落札業者が逆に自治体からペットボトルを買い取る有償取引に転じた。平均落札単価は、一九九七年度の一トン当たり約七万七一〇〇円から下がり続け、二〇〇六年度には逆転し、落札者が約一万七三〇〇円払っている。

　落札者が払う落札単価も毎年変動幅が大きく、二〇一四年度の平均落札単価は五万九二二六円、一五年度は二万五二八六円といった具合だ。

　容器包装リサイクル協会が得た代金は、集めたペットボトルの量と品質によって、自治体に分配される。二〇一四年度分は約一〇二億円であった。

表1　岡山県内の市町のペットボトルの落札企業と落札単価(円／トン)

年度	2009	2010	2011	2012
備前市	西日本ペットボトル(−10,501)	環境開発事業協同組合(−31,770)	日本合繊(−53,707)	日本合繊(−56,507)
美作市	西日本ペットボトル(−11,501)	日本合繊(−36,600)	日本合繊(−53,707)	日本合繊(−56,507)
総社市	正和クリーン(−21,000)	日本合繊(−36,600)	日本合繊(−54,507)	日本合繊(−56,507)
和気町	ウツミリサイクルシステムズ(−5,124)	環境開発事業協同組合(−30,970)	西日本ペットボトル(−51,501)	ウツミリサイクルシステムズ(−53,245)

注1：リサイクル業者は，お金を払ってペットボトルを手に入れるため，
注2：西日本ペットボトルの正式名は，西日本ペットボトルリサイクル.

浮き沈みが激しい業界

川崎市の臨海部は、北九州市と同じ一九九七年に「エコタウン」に認定され、リサイクル施設が集まる。そこにあるペットリファインテクノロジーは、ペットボトルを化学的に分解し、分子に戻してペット樹脂にしている。「ペット」から「ペット」に戻せるため、「究極のリサイクル」と呼ばれ、プラント施設は年間二万七五〇〇トンの処理能力を擁する。

この会社の前身は、二〇〇一年に設立されたペットリバース。ＰＲＴ方式(アイエス法)と呼ばれる独自の製法を開発し、二〇〇四年に操業を開始した。だが、製造コストが高く、入札に参加して確保できた量は数千トンにす

ぎなかった。

当時、施設を訪ねた私に、高井利明社長付部長は悔しそうに言った。「世界にない技術を持ち、高度なリサイクルをおこなっているのに、材料リサイクル〈四六ページ参照〉に、せり負けている」。

そのうち容器包装リサイクル協会の入札が有償取引になり、経営が窮地に立たされた同社は、二〇〇五年九月に民事再生法の適用を申請。その後も操業を続けたが、経営は回復せず、〇八年六月、破産申請をした。

しかし、ペットボトルの大手メーカー、東洋製罐が「世界唯一の技術を失いたくない」と救済に乗りだし、ペットリファインテクノロジーとして再スタートを切った。二〇一〇年夏に訪ねると、再生に向け、着実に歩みを進めていた。そして事業系のペットボトルの確保に力を入れ、稼働率を維持している。広報の担当者は「子どもたちも含めて、年間の見学者は一七〇〇人にもなるんですよ」とほほ笑んだ。

経営は楽ではないが、「ペット」から「ペット」というわかりやすさを評価し、独自に契約し、応援する自治体もある。その一つ、東京都渋谷区は二〇一三年度に一〇四九トンのペットボトルを引き渡した。清掃リサイクル課の担当者は「高度で、区民にわかりやすいリサイクルをしているところを評価し、契約を続けています」と話す。

自治体の独自処理ルートで中国へ？

ペットボトルの歴史は一九六七年、米国デュポン社が基礎技術を開発したことに始まる。主に炭酸飲料に使われていたが、日本では七七年、醤油を入れる五〇〇ミリリットル容器に使われたのがはじまりで、八二年に食品衛生法改正で飲料容器として正式に認定された。

国内では一リットル以上のペットボトルに限定し、五〇〇ミリリットル以下の小型ペットボトルは、業界が製造を自粛し、政府も輸入を認めてこなかった。だが、海外から貿易障壁だと批判されて一九九六年に解禁し、爆発的に広がった。

容器包装リサイクル法制定の二年後の一九九七年から、自治体による収集が本格化した。ペットボトル以外の容器包装プラスチックを収集する自治体の参加率が七割強なのに対し、ペットボトルは大半の自治体が参加している。リサイクル業者は、九八年の二八社から二〇一四年に約六〇社にと増え、処理能力も四二万トンに増えた。

ところが、自治体の収集量は二〇〇七年度以降、二八万〜三〇万トンと頭打ち状態である。しかも、容器包装リサイクル協会に引き渡される量は約二〇万トン。残りは、地元の廃棄物の収集業者などでつくる事業組合に処理を委託したり、独自に入札し、業者を決めたりしている（「独自処理」と呼ばれる）。

たとえば大阪市は、五地区に分け、それぞれ入札で決めている。「ペットボトルも瓶も缶もいっしょに収集しているので、一括して選別できる業者に任せたほうが合理的」（家庭ごみ減量課）という。同じく、独自に入札で業者を決めている東京都杉並区は「容器包装リサイクル協会に渡すときには圧縮するなど基準が厳しい。こちらは、ボトルのまま業者に渡せるので、圧縮・梱包の費用がかからず安くすむ」（ごみ減量対策課）という。

もともと、ごみの収集は、市町村に委託された一般廃棄物の収集・運搬業者でつくる事業協同組合がおこなっているところが多く、ペットボトルも同じように組合が引き受け、リサイクル業者に売却している場合が多い。

しかし環境省は、「独自に業者（組合を含む）と契約している自治体の多くは、売却した後、ペットボトルがどう処理されているか確認していない。中国に輸出されるペットボトルも多く、適正に処理されていない可能性がある」（リサイクル推進室）と、全量を容器包装リサイクル協会に引き渡すことを求めている。

海を渡るペットボトル

千葉県市原市にある大都商会(本社・東京)の千葉工場。ペットボトルのベール(保管用に圧縮・結束したもの)がいくつも並ぶ。粉砕して洗浄。異物を除去し、フレークにしてフレキシブルコンテナバッグに詰めて、東京湾からコンテナ船で中国の青島に運ぶ。

大都商会の中国の工場で繊維の原料にしたり、別の繊維工場でネクタイや衣類をつくったりしているという。一九九二年に設立された大都商会は中国系の会社で、日本国内にリサイクル工場が五つあるほか、中国本土にも工場を持ち、ペットボトルやプラスチックのリサイクルを手がける大手だ。張霞営業課長は、「首都圏の自治体からもペットボトルを購入している。きれいで品質がよく、取引先からも高い評価を得ている」と言う。

習志野市は二〇〇四年から、毎年約五〇〇トンのペットボトルを同社に売却している。二〇一四年は一キロ当たり四三・二円で契約した。習志野市クリーンセンターの平野誠一施設課長は「最初は、容器包装リサイクル協会に渡していたが、一円でも高く売りたいと、独自に売却することにした。現地に職員を派遣し、製品になっていることを確認している」と説明する。

二〇一三年まで、市の幹部といっしょに中国の現地でチェックしてきた習志野市資源回収協同組合の代表理事、熊倉一夫さんは「現地の繊維工場などを見て回ったが、ちゃんとした製品になり、環境汚染もなかった」と話す。

石油からつくるバージン原料の市況に影響される

プラスチックの需要が旺盛な中国では、原料となる樹脂は、石油からつくる、いわゆるバージン原料だけでは足りず、二割強をプラスチックからつくった再生原料が占めるといわれている。

貿易統計によると、日本から輸出されたペットボトルでつくった再生原料は二〇一二年に四一・一万トンあり、その大半が中国・香港向けだ。PE(ポリエチレン)やPS(ポリスチレン)などすべてのプラスチックを含めると、一六七・四万トンに達し、中国・香港向けが九割を占める。一般社団法人プラスチック循環利用協会(二〇一三年に社団法人プラスチック処理促進協会から名称変更)によると、中国での二〇一二年のペットボトルの再生原料の価格は一キロ当たり五一・七円と、バージン原料価格の半分以下である。

再生原料の価格は、バージン原料の市況に連動する。その市況は、原油価格や、繊維製品で競合する綿花の相場に大きく左右される。市況が高くなり、中国の業者が日本でペットボトルを高額で買い付けると、日本の業者も負けずに高値で確保しようとする。

二〇〇八年夏、原油高でバージン原料価格が高騰、そのあおりで再生原料の値段が上がり、いくつかのリサイクル企業が経営破綻した。さらに九月にリーマンショックが起きると、バージン原料価格と再生原料双方の価格が急落して、国内業者を直撃した。中国に振り回される状況に、容器包装リサイクル協会は「年一回だった入札を年二回とし、リスクを分散できるようにした」(木野正則理事)が、二〇一四年度の平均落札単価は一キロ当たり五九・二円と過去最高を記録した。

西日本ペットボトルリサイクルの鹿子木社長は「安定した生産計画が、いっそう立てられなくなった。スポット的に確保しようと動き、ギャンブルのようになっている」と心配する。

輸出を止めようとする環境省

自治体にペットボトルの輸出をやめさせれば、リサイクル業者にその分のペットボトルが行き渡り、国内リサイクルも進むというのが環境省の見立てだ。

二〇一三年から始まった容器包装リサイクル法の見直しに向けた環境省の中央環境審議会と経済産業省(以下、経産省)の産業構造審議会の合同会合でも、この問題が審議された。一四年七月の合同会合で、環境省の庄子真憲リサイクル推進室長が、配られた資料にある二枚の写真を示した。「こちらは使用済みペットボトルの国内で処理されたフレーク、それから海外で処理されたフレークの品質の違いでございます。事業者間の技術に差がある分野で、国内の事業者と海外のリサイクル事業者との技術格差が大きいところでございます」。

写真を見ると、国内のフレークは透明できれいである。一方、中国と見られる海外のフレークは、茶、黒、黄色の破砕物が混ざり汚い。「とてもきれいなペットボトルが、今日の資料にあります海外処理フレーク、こんなふうになるかと思うととても寂しくなってしまいました」(山川幹子・NPO法人愛知環境カウンセラー協会副会長)などと、委員から、輸出する自治体への批判が相次いだ。

だが、この写真を見たある事業者は首をかしげた。「海外物の写真は色つきペットボトルが原料。日本ではカラーペットボトルは製造禁止だから、これは欧米産だろう」。環境省は、「写真は環境省の調査報告書から転用した」と説明していたが、私が、その報告書を手に入れて調べてみると、写真はなく、その後私が取材をしたところ、「どこで、どんな状態で撮った写真なのか、自分たちもよくわからない」(リサイクル推進室)と、説明できずに終わった。

輸出されるペットボトルの大半は事業系

環境省は、自治体が容器包装リサイクル協会に渡さず、独自に売却している約一〇万トンの大半が中国に輸出されていると推測している。

しかし、私が調べてみると、環境省がこの問題をコンサルタント業者に委託して調査させた「廃ペットボトルの海外流出を抑止するための国内循環物量強化方策検討業務調査報告書」(二〇一二年度)が見つかった。報告書は、中国に輸出されているペットボトルの大半が、スーパー(量販店)や自販機事業者に回収された事業系のペットボトルであることを示唆していた。

報告書はこう結論づけている。「事業系廃ペットボトルは、〔中略〕そのほとんどが輸出されていることがわかった。海外を選択することについて、中間処理事業者が共通して、廃ペットボトルの流通価格が国内よりも高く、需要が安定していることに触れており、このことが海外へ廃ペットボトルが流出する主な要因であるとみられる」。

調査対象は、量販店・コンビニが四社、病院・企業・大学五社、自販機事業者六社、中間処理事業者五社の計二〇業者。処理を委託された廃棄物処理業者の多くが、汚れていても高く売れる海外に輸出していた。アンケートでは、処理業者の多くは輸出を敬遠する考えはなく、国内向けより一キロ当たり一〇～二〇円高く売れる「価格差」を重視して決めていた。

また、廃棄物処理業者が回収したペットボトルを調べると、飲み残したりキャップがついたりしたものが混じっていた。さらに、容器包装リサイクル協会が、自治体からペットボトルを引き取るときに評価する四つのランクをあてはめると、引き取りを拒否される最低ランクにあった。

ペットボトルの製造・利用業者でつくるPETボトルリサイクル推進協議会によると、二〇一三年度に国内で回収されたペットボトルは六一・八万トン。そのうち自治体の回収が二九・二万トン、事業系の回収が三二・六万トンあった。

また海外に輸出されたペットボトルは二九・八万トンとしている。協議会は、このうち三・四万トンは自治体から流れたと推測している。そのため中国への輸出の大半が事業系のペットボトルと推測されるが、その根拠には言及していない。環境省は自治体の輸出ばかり問題にするが、事業系の多くを国内向けに回せば、国内のペットボトル獲得競争は大幅に緩和され、中国の市況に振り回されることもなくなるのではないか。

先に述べた合同会合の委員でもある森口祐一東京大学大学院教授は「環境負荷の面から、海外に出すことについて、いい悪いの議論をしても決着がつかない。どういうリサイクルをよしとするか、価値観の問題だ。国内のリサイクル業者を助けるために海外流出を止めようという議論ばかりではなく、事業系ペットボトルのリサイクルをどう進めるかといったことを議論してもいい」と提案する。

一方、PETボトルリサイクル推進協議会の近藤方人顧問は、「事業系ペットボトルの一部も海外に行っていると思うが、容器包装リサイクル法は、自治体が回収したペットボトルを対象にしている。まずは、自治体の独自処理を容器包装リサイクル法のルートに戻すことが大切だと思う」と語った。

多額な自治体の収集・選別・保管費用

環境省の試算によると、二〇一〇年度に自治体がペットボトルの収集にかけた費用は二五一億七二〇〇万円、選別・保管費用が一一〇億三九〇〇万円で合計が三六二億一一〇〇万円となる。自治体は、費用の一部を飲料メーカーなど事業者に肩代わりしてもらうことを要望しているが、協議会は、「法律は、市民が分別・排出し、自治体が集め、事業者がリサイクルするという役割分担を明確に定めている。ペットボトルは有償で取引され、自治体にそのお金が戻っている」(近藤顧問)と反論する。

国の審議会で、容器包装リサイクル法の改正論議をした二〇〇五年、経産省と環境省が容器メーカーや中身メーカーに、自治体の選別・保管費用を負担させようとしたことがあった。

そして両省は、「市町村のコストの一部または全部を事業者が負担し、一定の責任を果たす」とした中間報告を出した。だが業界を説得して合意したわけではなく、事業者は猛反発した。

なかでもPETボトルリサイクル推進協議会と、鉄鋼業界や製缶業界でつくるスチール缶リサイクル協会は強い危機感を持った。缶はリサイクル業者が買い取るため、業界はリサイクルの費用を払わずにすんでいる。ペットボトルも落札単価が急激に下がり、負担金も減っていた。そこで両団体は、経団連の常務理事に、中間報告に反対するよう陳情を重ねたという。これを受け、経団連は反対の意見書を両省に提出、最終報告では、事業者に負担させるという文言が消えた。

スチール缶リサイクル協会の酒巻弘三専務理事は二〇〇七年当時、「有価で回っているのになぜ、自治体にお金を払わされるのか納得できなかった。自治体の業務には無駄が多く、費用の削減に取り組むことが先ではないか」と語った。

その後、ペットボトルも有価で取り引きされることになった。

もちろん、事業者は自治体と対立するばかりではない。飲料業界はペットボトルの軽量化を進め、一九九四年度に六五グラムあった水用の二リットルのペットボトルは、二〇一四年度に三六グラムになり、なかには三〇グラムを切るものまで登場した。これにより省資源、省エネルギーの効果が期待された。しかし、ペットボトルの生産量は、一九九五年の一四万トンから、二〇一四年には六〇万トンに増え、軽量化によるその効果は吹き飛んでしまったようである。

2　複雑怪奇なプラスチックの行方

杉並区の容器包装プラスチックが千葉県に

東京都杉並区の狭い道を、ごみ収集車がゆっくり走る。清掃職員が、各家庭から道路脇に出されたごみ袋を、ぽんぽんと収集車に放り込む。中身は容器包装プラスチックなので軽い。ごみ袋にはラーメンやお菓子の袋、シャンプーのボトル、卵のパックなど、さまざまな種類の容器包装が詰まっている。

ごみ収集車は、約二〇キロ先の足立区のごみ収集業者の施設に運び、そこで異物を取り除き、一メートル角のベールにする。

そのベールの行き先は二つあった。一つは、材料リサイクルをおこなっている千葉県富津市のエム・エム・プラスチック。もう一つは、同県君津市にある新日鐵住金の君津製鉄所だった。製鉄所は、コークス炉での化学反応を利用し、コークス、軽油などの原料にしている。こうした化学反応で組成を変えリサイクルする手法を、化学リサイクルと呼ぶ。

富津市の工業団地にあるエム・エム・プラスチックの工場を訪ねた。目を引くのが、ドイツ製の五台のマルチソーター（光学式選別装置）。さまざまな材質のプラスチックからＰＥ（ポリエチレン）、ＰＰ（ポリプロピレン）、ＰＳ（ポリスチレン）を選別でき、純度の高い単一素材の再生原料が製造できるという。

ベールは、解砕機で粗破砕して、二列のラインに流す。そして光学式選別装置が、高速で流れるプラスチックの破片に赤外線を照射し、風力でＰＥを回収する。残ったプラスチックは次の二列のラインに流して選別装置でＰＰを、さらに次のラインでＰＳを回収する。

最後に残った混合プラスチックは、主にＲＰＦ（固形燃料）の原料になり、発電に利用される。

選別されたＰＥの破片は、細かく砕いて洗浄される。そして選別をくりかえして純度を上げ、脱水・乾燥のうえ、ペレタイザーでペレットにする。素材別のペレットは成型業者などに販売する一方、純度の高いＰＥとＰＰから、何回もくりかえして使えるリターナブルパレットの「ＭＭＰパレット」（一・一メートル角）をつくっている。

一般の市場に出回っているのは、素材ごとに分けない混合プラスチックでつくった使い捨てパレットで、重い物を載せると一回で壊れる。「ＭＭＰパレット」は、純度の高い再生原料を一定の割合で混ぜてコア部分をつくり、その回りを品質の安定した産業廃棄物系のプラスチックで包むことで強度を保ち、安定した品質が確保できるという。

森村努社長は「落下させて強度を測定したり検査をすることで、品質を保証しており、石油からつくったバージンパレットと比べて遜色ない。廃棄物特有の臭いがしないし、好みに合わせて色づけもできる」と誇らしげに語る。

使い捨てパレットの単価が約一〇〇〇円に対し、リターナブルパレットは数倍。単一素材の再生ペレットも一キロ当たり最高で約四五円と、混合プラスチックの再生ペレットの二倍以上高く売れる。

同社は、三菱商事と明治ゴム化成が二〇〇六年に合弁会社となって設立され、その後、産業廃棄物処理をおこなっている市川環境エンジニアリングも参入。六〇億円をかけて二〇〇九年に、処理能力三万トンの大型施設を完成させた。しかし、二〇一〇年に入札制度の変更もあって、容器包装プラスチックが確保できず、三菱商事と明治ゴムが撤退、市川環境エンジニアリング単独の子会社となった。

三菱商事から出向していた森村さんは、「いっしょに製品開発してきた仲間をおいて、本社に戻ることとなんかできない」と、同社に踏みとどまった。翌年、容器包装リサイクル協会の入札で落札に成功、一四年度は一万六〇〇〇トンが確保できた。

だが、森村さんの心配はリサイクル費用として手にする落札単価が年々下降していることだ。巨額の設備投資をおこなった同社の経営は厳しい。森村さんは「素材別に分け、独自に製品開発した技術力がもっと評価される制度であってほしい」と話す。

一キロ二〇〇円近くする収集・選別・保管コスト

杉並区は、二〇〇四年四月から一部地域で容器包装プラスチックの収集を先行し、〇八年度から全地域でおこなっている。一三年度の収集量は四四五二トンあった。

リサイクル率は二八・四％と二三区のなかでも高く、人口一人当たりのごみの排出量は最も少ない。収集に携わる職員が保育園や学校でごみ減量やリサイクルの話をするなど、啓発活動も盛んだ。

一方、頭を痛めるのが一般会計予算の五％を占める、ごみと資源の処理費である。二〇一三年度は八七億円かかり、そのうち四分の一がリサイクルの費用だ。

二〇一一年度の容器包装プラスチックの収集・選別・保管のコストは一キロ当たり一八九・一円、ペットボトルは一四八・六円かかる。可燃ごみ・不燃ごみの処理コストは四八・七円だから、かなり高い。林田信人ごみ減量対策課長は「プラスチックは軽くてかさばり、収集運搬や選別・保管に多大なコストがかかる。この費用を事業者が負担する仕組みにしてくれるといいのだが」とこぼす。

区内に選別・保管できる施設がなく、足立区までわざわざ運んでいることも、コストを高くしている。

材料リサイクルと化学リサイクル

容器包装リサイクル協会が実施した、杉並区の容器包装プラスチックを処理する企業を決める入札の落札単価(二〇一四年度)は、エム・エム・プラスチックが一トン当たり六万九一〇〇円、新日鐵住金は三万八五〇〇円であった。このリサイクルにかかる委託料は、容器包装プラスチックの製造・利用事業者が容器包装リサイクル協会を通して二社に払う。しかし、二社の落札単価にこんなに差のあるのは、入札のとき、自治体から協会に引き渡された量の五〇%まで、材料リサイクルの業者が優先的に落札でき、残りを化学リサイクルの業者で分け合う仕組みになっているからである。このときは、エム・エム・プラスチックが材料リサイクル業者同士の競争に勝って落札した。

材料リサイクルは、集めた容器包装プラスチックを素材ごとに分け、粒状の再生原料にし、それを加工してプラスチック製品に戻すという、住民にわかりやすいリサイクルだ。しかし、人手がかかり、コストが高い。

一方、化学リサイクルは、先に紹介した新日鐵住金のコークス炉化学原料化（コークス炉内に石炭とともに投入し、コークス、タール、軽油、ガスを製造）や、高炉還元剤化（製鉄所の高炉で還元剤として、コークスや微粉炭の代わりに利用）、ガス化（プラスチックを熱分解し、アンモニアなどの原料に利用）の三つの手法がある。

当初は、材料リサイクルの施設が少なく、総枠の一割しかとれず、残りを化学リサイクルが担っていた。新日鐵住金（当時は新日本製鐵）、ＪＦＥスチール、昭和電工など日本を代表する企業は、新しい事業として化学リサイクルに乗りだし、設備投資をした。

二〇〇〇年に容器包装プラスチックのリサイクルが始まってしばらくたったころ、君津市にある新日鐵の製鉄所を訪ねた。容器包装プラスチックの破砕などをおこなう前処理施設を案内してくれた本社環境部のグループリーダー、丸川裕之さんは「プラスチックには塩化ビニルが混ざり、腐食などの悪影響がある。その難問を解決できたことが大きかった」と説明した。炉内で、有害な硫化水素を捕集するためのアンモニア水に塩化ビニルの塩素が反応して移行するため、コークスや炉のガスへの悪影響がほとんどないことがわかった。それにより、わざわざ脱塩素装置をつくる必要がなくなったのである。

東京の本社では、小谷勝彦環境部長が、こう語った。「二酸化炭素の排出量が減るから温暖化対策として有効だ。製鉄メーカーで将来、年間六〇万トンの処理も夢ではない」。二〇〇〇年に君津製鉄所と名古屋製鉄所にそれぞれ四五億円かけて設備を整え、さらに八幡、室蘭、大分と他の製鉄所にも広げた。

しかし、この予想は外れた。容器包装プラスチックのリサイクルが増えるのを見て、廃棄物処理業者が続々と材料リサイクルに参入した。設備にそれほど費用がかからず、おまけに材料リサイクルを優先的に落札させる仕組みだったからだ。

容器包装リサイクル協会によると、材料リサイクルと化学リサイクルのシェアは、二〇〇〇年度が二〇・三%対七九・七%だったのが、〇六年度には四八・二%対五一・八%と、拮抗《きっこう》するまでになった。このままでは、材料リサイクルに市場を独占されると、化学リサイクルの事業者が反発したため、協会は一〇年度から材料リサイクルが優先して取れる枠を市町村の申し込み量の五〇%に設定し、増加に歯止めをかけた。その結果、一四年度の材料リサイクルのシェアは五〇・六%と、ほぼ均衡が保たれているといえる。

環境省と経産省の審議会の合同会合では、家庭ごみの収集・処理業者でつくる全国清掃事業連合会が「材料リサイクル手法の量の拡大確保をお願いしたい」、一般社団法人日本鉄鋼連盟は「材料リサイクル手法の優先的取り扱いの撤廃によって、環境負荷、社会コスト低減のため、自由な市場競争を促進すべきだ」と、それぞれ主張をぶつけあった。しかし、議論は平行線のままだ。

一キロ一〇～二〇円でしか売れない再生原料

ところで、材料リサイクルにはこんな問題もある。一トン六万円以上もの処理費をもらって再生原料をつくっても、低品質で、一キロ一〇～二〇円でしか売れないというのだ。

以前、関東地方のある材料リサイクルの工場を訪ねたことがあった。「再生ペレットは売れますか」という私の問いに、幹部が言った。「苦労している。一キロ当たり一〇円でもさばけないことがある」。そして、こんなことを漏らした。「うちは産廃業者だから、プラスチック製品のメーカーから産廃処理を引き受けている。その際、ペレットを売却したことにし、その分、産廃の処理料金を値引きし、帳尻を合わせることがある。再生ペレットは評価されないから、バージンペレットに混ぜて使っても公表しない会社も多い。再生ペレットを混ぜているとわかれば、取引先から嫌われるからだと思う」。

ペットボトルがＰＥＴ（ポリエチレンテレフタレート）の単一素材からできているのに対し、容器包装プラスチックの製品は、袋ならＰＥ、カップ麺ならＰＳ、包装フィルムならＰＰといった具合に、素材の特徴を生かしてつくられている。いくつかの素材をまぜた複合素材の製品も多い。

多くのリサイクル業者は単一素材に分けず、混合したまま再生原料にするため、質のいいリサイクル製品をつくることがむずかしい。このため、使い捨てパレット、プランター、自然の木を模した擬木などが多い。

ドイツやフランスでは、選別工場の規模が大きく、高性能の光学式選別装置で素材別に選別し、つくった高品質の再生原料が高値で流通している。一部は自動車部品など工業製品にも使われ始めた。

日本では、容器包装リサイクル協会が、入札に参加した約七〇社を調べたところ、ＰＥとＰＰに選別し、それぞれ再生原料をつくっているのは七社にすぎなかった。質の高いリサイクルをめざす業者でつくる高度マテリアルリサイクル推進協議会のメンバーでもあるエム・エム・プラスチックの森村社長は「ドイツには再生プラスチックの統一基準があり、工業原料にもなっている。日本でもＪＩＳ化して、高品質の工業原料化をめざすべきだ」と提案する。

材料リサイクルは、平均落札単価が二〇一〇年度の一トン当たり七万四四九八円から二〇一五年度は五万九五六一円に下がった。下落が続く背景には業者間の過当競争がある。容器包装リサイクル協会によると、五二社の処理能力は七六万四〇〇〇トンと、受け入れ量三四万トンの二・二倍ある。

また化学リサイクルの平均落札単価は二〇一〇年度の三万八六四六円から二〇一五年度は四万四九九一円に上がった。六社の処理能力は、実際の受け入れ量とほぼ等しいという。材料リサイクルは過当競争に苦しみ、化学リサイクルは、参入企業もなく、逆に利益を増やしているようだ。

製品プラスチックのリサイクルを進める

プラスチックには、法律がリサイクルの対象としていないＣＤのケース、バケツ、おもちゃ、文房具などの製品プラスチックもある。そこで、製品プラスチックもいっしょにリサイクルする自治体が現れた。

東京都港区の港資源化センターは、東京湾に面した品川埠頭《ふとう》にある。区が委託した港区リサイクル事業協同組合が、プラスチック・瓶・缶・ペットボトルを選別している。

資源化センターを訪ねると、建物に清掃車が滑り込んできた。プラスチックを詰めたごみ袋が床にどっと落とされると、六人の作業員が袋を破り始めた。インスタントラーメンの袋、お菓子の入った袋、CDのケース、おもちゃ、文房具など、さまざまなプラスチックが混在する。作業員は、製品プラスチックをフレキシブルコンテナバッグに投げ込んでいく。残った容器包装プラスチックは、破袋機で袋を除去した後、ラインで作業員が異物を除き、圧縮機でベールにする。

製品プラスチックの入ったフレキシブルコンテナバッグは、クレーンで二階にある容器包装プラスチックのラインに運んで落とし、両方を混ぜてベールにする。一日に容器包装プラスチックのベールが二〇個、製品プラスチックと容器包装プラスチックを混合させたベールが七個できる。

組合の玉田修二所長代理は「製品プラスチックは、硬質プラスチックなので、軟質の容器包装プラスチックを二割から五割近くと混ぜないと結束しない」とコツを伝える。

容器包装プラスチックのベールは千葉県富津市のエム・エム・プラスチックと川崎市のJFEスチールの製鉄所へ、混合ベールは川崎市の昭和電工の工場へ運ばれ、それぞれリサイクルされている。容器包装プラスチックのリサイクル費用は事業者が負担するが、製品プラスチックは区の負担だ。

港区が、一括して収集を始めたのは二〇〇八年一〇月。東京都がプラスチックを埋め立て禁止にし、これまでの不燃ごみ扱いから可燃ごみに変更したことがきっかけだ。区民から、燃やさず、資源化することを求める請願や陳情が武井雅昭区長に出され、区長が決断した。

当時、選別・保管を区外の二社に委託した。ところが、収集と選別・保管には、二〇〇九年度は総額八億二〇〇〇万円もかかった。一トン当たりのコストは三〇万円を超え、さすがに区議会でも問題になった。

そこで、瓶や缶の選別をしていた港資源化センターに、新たにプラスチックの選別施設を整備し、二〇一二年度から稼働させた。一三年度は、容器包装プラスチックと製品プラスチックを合わせて二二二四トン収集し、収集に約二億四〇〇〇万円、選別・保管に瓶と缶、ペットボトルも含めて約一億四〇〇〇万円かかった。業者に委託していたときに比べて、約三億円の費用を圧縮できたという。

港区に続き、千代田区も二〇一二年一一月から一括収集を始めた。〇七年から容器包装プラスチックの分別収集を始めていたが、「同じプラスチックなのに、製品プラスチックを燃やしているのは区民にわかりにくい」(千代田清掃事務所の佐藤武司作業係長)と、民間事業者から製品プラスチックのリサイクル手法も含めた提案を募った。

いくつかの案のなかから、トベ商事(東京都北区)の、製品プラスチックに含まれる軟質プラスチックはRPF化して発電に利用し、硬質プラスチックはエム・エム・プラスチックで材料リサイクルする、という提案が採用された。

戸部昇社長は「材料リサイクルのコストは高いが、RPFは低コスト。硬質プラスチックは、異物を除去し、圧縮・梱包せずに引き渡すことにした」と語る。これにより、足立区のトベ商事の施設で選別したプラスチックのうち、容器包装プラスチックと硬質プラスチックはエム・エム・プラスチックに、軟質の製品プラスチックは千葉県市川市の市川環境エンジニアリングに運ぶ。それでも、四七七トンの選別・保管の費用は約三三〇〇万円、収集の費用は約一億三〇〇〇万円と、かなり割高だ。

コスト高の課題を、国から特区の指定を受けて克服しようとする自治体も現れた。

秋田県は一括収集したプラスチックを容器包装リサイクル協会に引き取ってもらい、製品プラスチックのリサイクル費用を自治体が払うようにすれば、プラスチックのリサイクルが進むと考えた。港区のように二種類のプラスチックに分ける必要がなく、コストも安くなるというわけだ。

そこで二〇一二年、特区の申請をおこない、特例として認めるよう環境省に要望した。ところが、環境省は「事業者が払うリサイクル費用が増加するおそれがある、利害関係者の合意を得ていないことをすべきではない」とし、計画は認められなかった。

名古屋市も二〇〇八年に特区を申請しようとしたことがあった。一年間に家庭から出る六〇〇〇トンの製品プラスチックを港区方式でやると一七〜一九億円かかるが、容器包装リサイクル協会に引き取ってもらい、リサイクル費用を払うだけなら、五億円で済むと試算したからである。しかし、環境省は受け入れず、市は製品プラスチックを可燃ごみ扱いにせざるを得なかった。

名古屋市の蒲和《かば》宏資源化推進室長は「環境省から『容器包装リサイクル協会が認めるならどうぞ』と言われて、容器包装リサイクル協会に行くと、『環境省が認めていないようなものはできない』との返事がかえってきた。なぜ自治体の独自性を認めようとしないのか」と憤った。

費用負担のため収集しない東京都世田谷区と岡山市

容器包装プラスチックをリサイクルせず、焼却炉で燃やしてしまう自治体も多い。財政が厳しい小規模の市町村が多いが、大都市もある。

たとえば世田谷区は、「大半が住宅地。区内に保管・選別施設を確保できる場所がない。費用もかかりすぎる」(幹部)という理由からしていない。

区の清掃・リサイクル審議会の答申(二〇〇六年)にはこうある。「容器包装廃棄物の取扱いについては、第一に生産者である事業者による発生抑制が重要であると考える。それでもなお発生するものについては、区民・事業者のそれぞれが主体的に再生利用の取組みを進めることが重要であり、行政による分別回収を安易に拡大することは、回収に係る経費増や、排出者責任の空洞化につながる恐れがある」。

岡山市も、容器包装プラスチックのリサイクルには否定的だ。

ごみ処理基本計画(二〇一二年)で、こう述べる。「主に下記に示す理由により、容リプラの分別収集は当面導入しないものとします。1、現行の容器包装リサイクル法の枠組みにおいては、収集・運搬等に係る市町村の負担が大きく、拡大生産者責任の原則が十分に反映された制度であるとは言えないと考えます。2、容リプラを分別・リサイクルしたとしても、その多くが残渣として処理されており、特に材料リサイクルについては、五〇%以上が残渣となります。また、材料リサイクルされた製品は、付加価値の高い高度な再生利用とはなっておらず、現時点では十分に効率的なリサイクルシステムが確立されているとは言えません」。

世田谷区と岡山市は、そのかわりに、容器包装プラスチックを焼却発電に利用していると言う。

焼却発電を主張する学者たち

循環型社会形成推進基本法は、まずリサイクルをして、その次に発電や熱エネルギーの回収をするというように、ごみ処理の優先順位を定めているが、それでも、プラスチックはリサイクルよりも焼却発電に利用したほうがいいと主張する学者もいる。

その一人、田中勝鳥取環境大学客員教授は、国立公衆衛生院の廃棄物工学部長から岡山大学教授に転じ、環境省の中央環境審議会の廃棄物・リサイクル部会長などを務めた。田中教授は、「リサイクルがふさわしいのは瓶と缶、古紙ぐらい。ペットボトルも燃やして発電に使ったほうがいいぐらいです。容器包装プラスチックはさまざまな素材や異物が混ざり、リサイクルには向きません」と指摘する。

田中教授が岡山県の自治体のデータを使い、プラスチックをリサイクルするのと、焼却発電するのと、どちらがエネルギーの節約になるかを比較したところ、焼却発電が二割上回ったという。「リサイクルのもう一つの問題は、コストが高いこと。プラスチック循環利用協会が東京二三区のいくつかの区で調査したが、リサイクルのコストの平均は焼却発電の三・五倍。家庭から容器包装プラスチックだけを回収し、選別・保管施設で人と機械を使い、さらにリサイクル施設で破砕・洗浄して再生品の原料をつくる過程で、大量のエネルギーと資源を消費しています。焼却施設は、できる限り集約して規模を大きくし、高効率発電をめざすべきです」と、田中教授は述べた。

しかし、容器包装プラスチックの処理方法ごとに、エネルギー消費量や二酸化炭素の排出量を比較したプラスチック循環利用協会の試算結果は、田中教授の試算結果と違った。プラスチックによる焼却発電のエネルギー消費量は、材料リサイクルとほぼ同じだが、二酸化炭素の排出量は二倍以上になった。また、化学リサイクルと比べると、二酸化炭素の排出量は五・二〜九・七倍もあった。

国が進めた「油化」

プラスチックのリサイクル手法について、容器包装リサイクル法が制定された一九九五年ごろ、法律を所管する厚生省と通商産業省(以下、通産省)は、材料リサイクルを優先しつつも、化学リサイクルの一つとして、熱分解して軽油や重油を取り出す「油化」を本命視していた。

一九七〇年代の石油ショックがきっかけで国は油化の研究開発を始めたが、石油危機が沈静化すると、研究も中断してしまっていた。それが、容器包装リサイクル法の制定で復活したのである。

両省は、補助金を出してメーカーに実証プラントをつくらせて、実用化をめざした。通産省の支援を受けたプラスチック循環利用協会は、新潟市と歴世礦油の協力を得て、新潟市に新潟プラスチック油化センターを設置した。厚生省が支援した財団法人廃棄物研究財団(現在、公益財団法人廃棄物・3R研究財団)は、新日鐵、クボタの協力を得て、東京都立川市に油化実証プラントを設置した。廃棄物研究財団は一九九四年の報告書で「現状においても実用化のめどはついている」と書いたが、九六年一二月、立川市のプラントで火災が起き、実用化にほど遠いことがわかった。翌年四月には新潟市のプラントでも火災が発生した。

そこで両省は、容器包装リサイクル法の完全施行を三年遅らせ、二〇〇〇年度から始めることにした。しかし、化学リサイクルの世界では、大きな転換が起きていた。油化ではなく、製鉄所によるコークス炉化学原料化や化学メーカーによるガス化など、よりコストの安い技術が開発されたのである。

立川市の実証プラントに参加し、前処理を担当していた新日鐵は、処理コストが一トン当たり八万円を超えることが判明し、撤退を決めた。同時に、実証プラントで蓄積したこの前処理技術を、社内で別に進めていたコークス炉化学原料化に生かし、化学リサイクルを事業として確立した。

法律が完全施行された二〇〇〇年、油化施設は全国にいくつもあったが、落札単価が急カーブで下がると、赤字が累積して撤退が相次いだ。最後に残ったのが札幌市にある札幌プラスチックリサイクル。東芝、札幌市、三井物産などが出資した合弁会社として設立され、五二億円を投じて二〇〇〇年にプラント施設が完成した。

二〇〇四年に訪ねたとき、年間一万九〇〇〇トンの処理能力を要する施設は、まるで石油プラントのようだった。若井慶治札幌事業所長は、瓶に詰めた製造して間もない油を見せてくれた。「バージンにも負けない高品質な製品ができるんです」。しかし、そのあと、こんな弱音を吐いた。「品質のいいものをつくっても、コストが高くて、思うように落札できません。札幌市の分だけでも確保できればいいのですが、材料リサイクル業者や製鉄所に取られています。コストダウンといっても限界があり、いつまでこの会社が耐えることができるかどうか……」。

油化プラントの隣には、札幌市のリサイクル団地があり、市が集めた容器包装プラスチックのベールが、山のように積まれていた。そこから道内の製鉄所などに送られているのだという。

手の届くような場所にありながら、手に入れることができないもどかしさを若井さんたちは感じていた。六年後の二〇一一年、同社は廃業。プラントは解体され、跡地は更地になっている。

認められなかった焼却発電

ところで、厚生省と通産省が油化を本命視していたころ、農林水産省(以下、農水省)は、リサイクルの手法として焼却発電を認めさせようと、両省と交渉していた。リサイクル費用を負担する食品業界の意向もあり、コストを下げるのが狙いだった。私の手元に、農水省と厚生省との折衝記録がある。

一九九五年四月。

農水省「我が国と比較可能な国の中で熱回収を認めていない国はあるのか」「熱回収を認めないとすると、かえってより多くのエネルギーを消費し、資源の無駄遣いになるのではないか」

厚生省「『政令で定めるもの』に該当すれば、『再商品化』に該当する。諸外国の状況については、例えばドイツ、フランス等においても、熱回収を認めていると承知している」「熱回収を認めないという方針ではない」

このころ、厚生省は、油化をすすめるとともに、プラスチックなど家庭から出るごみでRDF(固形燃料)を製造し、焼却炉で燃やして発電する手法を法律で認めさせようとし、それに反対する通産省と折衝していた。

一九九五年二月の折衝記録には次のようにある。

通産省「単にごみを固形燃料化するプロセスを事業者に行わせることは、それが最終的に焼却されることを勘案すると、実質的にはごみ処理を事業者に行わせることになる」

厚生省「新法の趣旨は廃棄物の排出抑制であり、RDF化はその一つの重要なサーマルリサイクル技術として位置づけられている」

結局、溝は埋まらず、採用は見送られた。

その後の容器包装リサイクル法の見直し論議がおこなわれるたびに、プラスチックを固めてつくったRPFで焼却発電している事業者団体が、法律で手法として認めるよう要望を重ねている。プラスチックの熱量は一キロ当たり六〇〇〇～一万カロリーと高い。プラスチックだけを燃やすと、三〇%近い発電効率を得られる。生ごみもいっしょに燃やす自治体のごみ発電と比べて、効率がよく、二酸化炭素の排出量も少ない。

二〇一〇年にあった環境省と経産省の審議会の合同会合で、森口祐一東京大学大学院教授らの専門家チームが、材料リサイクル、化学リサイクル、ＲＰＦ発電（焼却発電）、家庭ごみの焼却発電などを比較し、二酸化炭素の削減効果を調べた結果が示された（数値が大きいほど効果が大きい）。それによると、ＲＰＦ発電は二・七という値で、材料リサイクルでつくった使い捨てパレット二・三、くりかえし使えるリターナブルパレット二・六、高炉還元剤化二・〇～三・一、コークス炉化学原料化二・三～二・七と比べてあまり遜色はなく、ガス化一・五～一・七、家庭ごみをそのまま燃やすごみ発電〇・四を大きく上回っていた。

ＲＰＦの業界は、容器包装プラスチックのリサイクル手法としてＲＰＦ発電を認めるよう国に要望しているが、材料リサイクルと化学リサイクルの業界が反対し、事態は動かない。

環境省の幹部が言う。「ＲＰＦを認めれば、コストは大幅に下がり、プラスチックもたくさん集まる。でも、不利益を被る製鉄業界や化学業界を、経産省が説得できるとはとても思えない。それにＲＰＦの団体は政治力がないから」。

森口教授は、「材料リサイクルに適さないものまで混ぜて、コストや労力をかけすぎることは合理的とは言えないが、一方で、安易に焼却発電を認めれば、リサイクルの優先順位が崩れてしまう。きれいなプラスチックは材料リサイクルで高品質化をめざし、材料リサイクルに向かないプラスチックは化学リサイクルやＲＰＦ発電へ、さらに焼却発電へと、プラスチックの品質ごとにふさわしい手法が選択されるような仕組みを、国は検討してほしい」と希望する。

どうなる製品プラスチックのリサイクル

高度マテリアルリサイクル推進協議会の代表、本田大作さんが取締役を務める環境コンサルタント会社、レノバは、二〇一一年、環境省の委託事業として秋田県能代市の四三一世帯で容器包装プラスチックと製品プラスチックを一括収集して、材料リサイクルをする実験をした。結果は、収集量が増え、品質もよくなった。さらにリサイクルのコストは一キロ当たり二六円と、従来のやり方(容器包装プラスチックはリサイクル、製品プラスチックは焼却・埋め立て)でかかる五四・六円の半分ですんだという。

本田さんは「人口一〇万以下で容器包装プラスチックの回収をしていない自治体と再生処理事業者が協力して、国が認めた場合に、容器包装プラスチックの処理費を事業者が負担する制度をつくれば、自治体の分別収集が進む」と言う。

ただ、これを実現するには、さまざまなプラスチックを取り扱うことのできる、エム・エム・プラスチックのような高性能の選別装置が必要になってくるだろう。そもそも、容器包装プラスチックの収集・保管費用を負担している自治体に、製品プラスチックの費用まで負担させれば、もともと負担の軽い事業者と、負担の重い自治体のアンバランスをさらに広げる恐れがある。それに、もし新たにリサイクル費用が発生すれば、製品プラスチックの製造・利用業者に負担を求めないと、容器包装の製造・利用業者が不利益をこうむることにもなる。

プラスチックのリサイクルをどう進めることが環境に優しく、かつ効率的、合理的なのか、その費用はだれが負担すべきなのか——。基本に立ち返った議論が必要ではないか。

3　リサイクルをめぐる三角関係

ここでリサイクルの法体系を見よう。

序章にあげた図3では、環境基本法を頂点にし、次に循環型社会形成推進基本法があり、その下に廃棄物処理法と資源有効利用促進法が並んでいる。さらに容器包装や家電など、物品ごとにリサイクル法が定められている。しかし、基本法から個々のリサイクル法に至るまで、系統だっているわけではない。中央省庁の縄張り争いと利害関係者の妥協の末にできたリサイクル法の仕組みは、ばらばらで、まるで「独立王国」のようだ。

ここでは、市民に身近な容器包装リサイクル法と家電リサイクル法、食品リサイクル法をとりあげ、国と事業者、市民がどう絡まっているのか見たい。

骨抜きにされた廃棄物処理法の改正

容器包装リサイクル法は、ドイツとフランスがお手本だ。仕組みはフランス、対象品目はドイツに似ている。

ヨーロッパでは、一九九四年にEUの議会・理事会が、「包装および包装廃棄物に関する指令」を制定し、容器包装の回収や計画づくりを各国に求めた。それに先立ち、ドイツが九一年、「包装廃棄物回避に関する政令」で、事業者の責任で容器包装の回収・リサイクルを始めた。フランスも九二年、「包装廃棄物に関する政令」で、ボトル類を自治体が収集し、事業者がリサイクルを始めた。どちらも製造者に回収責任を負わせることで、川上からごみの発生抑制をうながそうとした。

日本は当時、廃棄物が増加するスピードに埋立処分場の建設が追いつかず、巨大不法投棄事件が発覚。廃棄物の減量が緊急の課題となっていた。そこで厚生省が取り組んだのが、一九九一年の廃棄物処理法の改正。発生抑制と再生利用を法律に取り込み、リサイクルに道を開いた。さらに大型家電のような市町村が処理できないものを「適正処理困難物」に指定し、事業者に回収を求める仕組みを導入しようとした。

だが、回収責任を負わされることに産業界が猛反対し、当初、法案にあった回収の義務づけを定めた条文は、「事業者に対し、〔中略〕市町村において当該一般廃棄物の処理が適正に行われることを補完するために必要な協力を求めることができる」（第六条の三）と、あいまいな表現に骨抜きされた。

一九九一年春、国会に、廃棄物処理法の改正法案とともに、通産省から再生資源利用促進法案が提案された。しかし、法案を論議した国会で、早くもその限界が指摘されていた。

一九九一年四月の参議院商工委員会で、清水澄子議員の「ドイツでもイタリアでも何年までにはガラスを何％、金属を何％とか〔中略〕品目別、排出源別のリサイクル達成目標を示しているわけですけれども、私は日本でもこうした、政府がそういう品目別、排出源別のリサイクル達成目標の長期計画を策定して、〔中略〕どれだけ実行に移されたかという結果をまとめて国民に知らせながら〔中略〕再資源化を達成していくという、そういうことが大事だ」との指摘に、岡松壯三郎通産省立地公害局長は、「事業者の再生資源の利用の促進の努力を最大限に引き出していくということをねらいとしているわけでございますが、〔中略〕事業者の自由な事業活動を保障しつつ、この事業者の再生化促進のための努力を最大限に引き出していくという観点から、〔中略〕必要な範囲に限って報告を求めていくということが現実的かつ効果的ではないか」と答えている。事業者に自主的な取り組みをうながすだけで、強制力がなかったのである。

ところで、厚生省が、一九九一年に改正した廃棄物処理法に、ごみの発生抑制や再生を明記したことで、次はその具現化のために個別のリサイクル法を制定する機運が高まった。

一九九一年より前に、廃棄物処理法の改正に取り組んでいるころ、坂本弘道環境整備課長から「再生利用とは何か、探ってきてほしい」との指示を受けた早川哲夫課長補佐は、ドイツとフランスに向かった。両国は、容器包装リサイクルの導入の準備に忙しかった。リサイクル社会への大転換の動きをつぶさに見た早川さんは、「日本でも取り組むなら容器包装リサイクルだ」と感じ、両国の実情を坂本さんに報告した。早川さんはその後、容器包装リサイクル法が制定されると、省内に新設された容器包装リサイクル推進室の初代室長に就く。

厚生省は、容器包装リサイクル法の法制化をめざし、審議会を動かし、急ピッチで検討を進めた。だが厚生省が新法をつくろうと動き出すと、通産省は、再生資源利用促進法の改正で対抗しようとした。それぞれ審議会を動かし、一九九四年七月に通産省の審議会が意見具申を、一〇月には厚生省の審議会が報告書を出した。そして法案づくりで、両省の水面下での折衝が開始された。私の手元にある折衝記録を見ていきたい。

一九九四年一二月二八日に、通産省が厚生省に送った文書には、「〔前略〕廃棄物を廃棄していない者に廃棄物処理の責任と費用を求めることに理論的根拠はない。したがって、今般の包装材等リサイクルシステムにおいても、事業者が負う責任はあくまで包装材等を再生資源として利用に供する責任であり、消費者が廃棄した廃棄物の処理について責任と費用負担を求めることは理論的に不適当である」とある。

しかし、翌年一月、厚生省が法案の骨子を示すと、通産省は、再生資源利用促進法の改正とペットボトルだけの回収を提案した。一方、厚生省は、ドイツにならって、すべての容器包装プラスチックを対象にしており、かなりの隔たりがあったが、二月になると、通産省は新法、容器包装プラスチックともに認め、溝は狭まった。

それに反発したのが農水省だった。通産・厚生両省のまとめた案では、リサイクル費用は飲料メーカーなど中身メーカーの負担となっており、飲料メーカー側の不満が大きかった。飲料業界をバックに持つ農水省は、農水省を主務官庁に入れること、容器包装メーカーや原料メーカーにも費用を負担させることを求めた。

農水省は文書で一六〇項目以上の質問を出して、両省が回答すると、さらに再回答を求めるという「キャッチボール」が四月まで続いた。

政府の内部資料によると、三月のやりとりはこうだ。

農水省「中身メーカーにだけ、無制限な義務を生じさせるものであり、不公平極まりない」

厚生省・通産省「義務が無制限になるものではない」

農水省「厚生省からは納得のいく回答が得られないのみならず、個別に食品企業を呼びつけ、また、マスコミに情報をリークする世論操作を行って来られた。これらは役所間のルールを逸脱したものであり、これに関する納得のいく回答を得たい」

厚生省「専門委員会報告書の内容について、関係企業等からの説明の要請に基づいて説明を行うのは当然であり、そのような説明の場は多数あった。なお、マスコミへの情報のリークといった世論操作は一切行っていない」

このようなやりとりに、最後は内閣官房が乗りだし、結局、リサイクル費用は容器包装メーカーにも負担させることで決着した。

こうして日本初の本格的なリサイクル法が誕生した。ここには製造者が設計段階から廃棄された後まで一定の責任があるとする「製造者責任」の考え方が導入された。法案づくりは、厚生省水道環境部の計画課と環境整備課が担った。計画課の課長補佐だった由田秀人さんは、「最初は、こんな法律が日本でできるのか、と半信半疑だった。しかし、日本で初めてのリサイクル法をつくるんだと、事業者や関係団体を説得して回った」と、当時をふりかえる。

製鉄会社は容器包装リサイクル法で新たな起業

日本で初めてのリサイクル法である容器包装リサイクル法成立の背景には、産業界や自治体の事情もあった。大手飲料メーカーの元幹部はふりかえる。「当時は、キリンVS新日鐵なんて言われた。結局、経団連で力の弱い飲料業界が負けた」。当初の法案は飲料メーカーが主にリサイクル費用を負担することになっており、反対勢力が限られていた。

一方、製鉄業界は、新たな法律を新事業のチャンスととらえた。当時は不況で粗鋼生産量が落ち込み、各社は新しいビジネスチャンスを探していた。さらに、一九九四年に地球温暖化防止条約(気候変動に関する国際連合枠組条約)が発効し、二酸化炭素の最大の排出者である製鉄業界が削減対策を迫られていたという事情もあった。

その対策の一つが、石炭やコークスの代替資源としてのプラスチックの活用であった。

ＪＦＥスチール(当時は日本鋼管)も高炉還元剤化を開発し、京浜製鉄所に設備を完成させた。

一方、自治体も、市町村が収集を受け持つことに安堵した。民間の事業者が収集するドイツ方式なら清掃職員の削減問題に発展するとの懸念があったが、これなら影響はない。法案に賛成した全日本自治団体労働組合傘下の東京清掃労働組合のある幹部は、「リサイクルを進めるということもあったが、法律ができても職場が守られるという点が大きかった」と評価した。

自治体の負担は二一〇〇億円にも

しかし、一九九七年に容器包装リサイクル法が施行されると、歓迎していた自治体から不満が噴出した。資源ごみの収集と選別・保管に多額の費用がかかったからだ。名古屋市は、リサイクルするほどお金がかかることを「リサイクル貧乏」と呼んだ。自治体側は、収集と選別・保管にかかる費用を事業者に払わせるよう、国に法改正を求め始めた。

そこで環境省は、自治体の資料をもとに、缶、瓶、ペットボトル、容器包装プラスチックなど九品目の収集と選別・保管にかかった費用を試算し、事業者を説得する材料に使おうとした。最新の二〇一〇年度の試算値は、容器包装プラスチックが七一一億円、瓶が四五一億円、ペットボトルが三六二億円、スチール缶が二六九億円、アルミ缶が一九〇億円など、九品目で計二一五九億円(収集一三九二億円、選別・保管七六七億円)。

しかし、リサイクルした分、焼却量や埋立量が減り、費用も削減される。それを加味して差し引きすると、負担増は三八〇億円(二〇〇三年度)とする同省の試算結果もある。

二〇〇六年の法改正では、市町村が容器包装プラスチックをきれいな状態にしてリサイクル業者に引き渡すことで、当初の予想より費用が浮いた場合に、お金を自治体に戻す「合理化拠出金」が創設された。しかし、費用圧縮にも限界があり、二〇〇九年度の九三億円から二〇一三年度には二一億円に減った。

二〇一三年から再び、見直し論議が始まった。二〇一四年五月の合同会合では、委員らが意見を開陳した。自治体側の委員は、「各自治体がリサイクルを進めるほど収集量は増えますが、収集運搬、選別保管に要する経費が増え、自治体財政を圧迫している」(上野正三北海道北広島市長)などと、その費用を事業者が負担するように求めた。それに対し、事業者側委員は、「事業者に新たな費用負担を課したとしても、排出抑制の効果を生むとは思えない。むしろ市町村業務の効率化への逆インセンティブになる」(水戸川正美PETボトルリサイクル推進協議会会長)などと、一歩も妥協しない姿勢を見せた。

自治体と事業者代表がぶつかるなか、市民代表の委員の態度は、「役割分担を大きく今変えることよりは、資源がしっかりと集まっていくようにどうしたらいいかを考えていくほうが生産的ではないか」(崎田裕子・環境カウンセラー)などと、あいまいだった。

審議会は、経産省の審議会委員は二六人中業界代表が一五人で、自治体代表は一人。環境省の委員は業界代表が二六人中一〇人、自治体代表が四人と、かなりいびつな構成だ。

この自治体による費用負担の軽減策や先に紹介した製品プラスチックのリサイクルについて、

事業者側は、費用負担を押し付けられると反発し、実のある議論のないまま、二〇一四年九月の合同会合を最後に審議は中断されてしまった。

フランスでは、事業者が自治体の収集費用の八割を負担

見直しが進まないのは、自治体にも責任があった。

二〇〇六年の改正論議では、事業者側から、個々の自治体がリサイクルにかけたコストを開示し、自治体同士が比較できるようにすべきだと指摘されたが、自治体代表の委員は返答できなかった。自治体の収集と選別・保管の費用は市町村によって大きな幅があり、コスト削減の努力が足りないと見られていた。そこで、「これでは事業者を説得できない」(環境省幹部)と、環境省は、統一基準によるコスト計算のための会計制度を開発し、自治体同士が比較できる仕組みを整えた。しかし、導入した自治体はごく一部にとどまる。環境省は「複雑すぎるという声があり、簡易版を開発し、利用できるようにしたが、それでも広がっていかない」(廃棄物対策課)とあきらめ顔だ。

日本がお手本にしたフランスの制度は、実際にはずいぶん違う。効率的なリサイクルをおこなう事業者の負担を軽減するために、プラスチックはペットボトルなどボトル類だけを対象と

した。また容器包装の収集を担う自治体には、五億四九〇〇万ユーロ（一ユーロは約一三五円）の支援金が支払われた（二〇一二年）。この費用は、容器包装の製造・利用業者が、容器包装の品目ごとに納めたライセンス料の総額六億五三〇〇万ユーロから充てられている（グリーン・ドットシステム、第4章の4参照）。支援金は、以前の自治体費用の半分から八〇％に引き上げられた。

しかし、これは払いっぱなしの制度ではない。自治体の収集費用の基準額を決め、効率的に収集したかどうかを評価、ランク付けし、その結果によって自治体への支援金の額も違ってくる。自治体は、コストに関するデータを、事業者でつくるエコアンバラージュに提出し、チェックを受けるのが条件だ。自治体への支援が手厚いのも、収集するプラスチックはボトル類に限定し、効率のいいリサイクルができているからである。

家電リサイクルは手作業中心

首都圏の家電リサイクル工場を訪ねた。家庭から排出されたテレビ、エアコン、冷蔵庫・冷凍庫、洗濯機・衣類乾燥機の家電四品目の解体・リサイクルをしている。いっしょに自動車の解体や金属の回収・スクラップもしている。家電を解体する建屋のなかには、大量のテレビや冷蔵庫が並ぶ。女性の作業員が冷蔵庫のドアを開け、異物がないか確認しながらプラスチックの容器を取り外す。

隣のコーナーでは、男性の作業員が冷媒フロンを抜き取っている。コンプレッサーを取り外してシュレッダーにかけ、さらにハンマーで砕き、「鉄」「非鉄金属」「ダスト」に大まかに分ける。鉄は電炉メーカーに、非鉄金属は銅・アルミ・ステンレスに分けて非鉄金属メーカーに、プラスチックは破砕して再生樹脂メーカーに、それぞれ売却し、残ったダストは製錬業者が焼却発電に利用するという。「人の手による分解と選別が大きなウェートを占めるから、どうしてもコストが高くなる」と工場の責任者は言った。

家電リサイクル法で指定されたリサイクル工場のリサイクル率（再商品化率、二〇一三年度）は、エアコンが九一％、ブラウン管テレビが七九％、液晶テレビが八九％、冷蔵庫・冷凍庫が八〇％、洗濯機・乾燥機が八八％。同法が施行された二〇〇一年度に比べて六～三二ポイント高まり、国の目標値も上回っている。

メーカーがみずから処理方法を選び、リサイクルする点は、容器包装リサイクル協会に処理を一任している容器包装リサイクル法よりも進んだ方法だといえる。しかし、法施行から一〇年以上たち、ほころびが出はじめている。

処理料金を払うのは前払いか後払いか

家電リサイクル法で定められた四品目では、年間約一二〇〇万台がリサイクルされている。消費者が払うリサイクル料金は、エアコンが一六二〇円、テレビが一八三六円(一五インチ以下)と二九一六円(一六インチ以上)、冷蔵庫・冷凍庫が三八八八円(一七〇リットル以下)と四九六八円(一七一リットル以上)、洗濯機・衣類乾燥機が二四八四円または二五九二円(二〇一五年現在)。

法律を制定する際に、大きな論点になったのが、どの時点でユーザーからリサイクル費用を徴収するかだ。通産省の産業構造審議会で、自治体や専門家は製品を購入する際にリサイクル料金を払う「前払い方式」を主張した。不法投棄の心配が少なく、メーカー同士の競争をうながし、リサイクルしやすい設計がおこなわれるという利点があったからだ。EUはこの方式を選択した。

一方、家電メーカーは、廃棄時に払う「後払い方式」を主張した。「前払い方式」だと、製品は長期間使用されるので将来のリサイクル費用が計算できない、廃棄されるときすでにメーカーが倒産、撤退していた場合、負担が不公平になるなどの欠点をあげた。

通産省の審議会の報告書(一九九七年六月)は「回収及びリサイクルの費用を排出時点で回収

する案を基本にリサイクルを進めるための具体的なシステムを速やかに検討すべき」と「後払い方式」を支持した。一方、環境庁の中央環境審議会の報告書（一九九八年一月）は、制度の発足当初は、以前から流通しているものが多いので後払い方式を容認しながらも、「長期的には、（中略）リサイクル費用は製品価格に転嫁される仕組みとすることが適切」と二段階の考え方を示した。結局、「後払い方式」に落ち着いた。

だが、二〇〇一年に法律が施行されると、懸念されていた不法投棄が顕在化した。施行前の二〇〇〇年度に二万六一五四台だった不法投棄は、二〇〇一年度に一三万二一五三台、二〇〇二年度に一六万五七二七台に増えた。施行前は不法投棄台数を把握していた自治体が少なかったとはいえ、明らかに不法投棄が激増したのである。

二〇〇六年に始まった法律の見直し論議では、「前払い方式」に変更するかどうかが最大のテーマになった。翌年七月、経産省と環境省の審議会の合同会合が開かれた。

経産省の環境リサイクル室長が、前払い方式について、「（徴収した料金を廃棄時に使う将来充当方式は）支払い時点と排出時点が一〇年以上離れてしまいます」、「（料金をその時点の別の家電のリサイクルに使う当期充当方式は）受益と負担が一致しない」と指摘。「前払い方式に変更することにより不法投棄のおそれは減少するであろう」としながらも、「後払い方式であっても、料金が十分に下がれば不法投棄は減少するかもしれない」と、説明した。

その後、委員らが意見を述べた。「前払い方式」に賛成は自治体の首長ら七人、「後払い方式」に賛成は家電メーカーの団体代表ら八人と拮抗した。すでにこの年の春、韓国は、前払い方式で家電と自動車のリサイクルを導入し、「前払い方式」は、EUだけでなく、アジア諸国に広がろうとしていた。「世界の動向がわかってやっているのだろうか」。そんな趣旨を酒井伸一京都大学教授が問いただしたが、経産省の返答はなかった。

結局、「後払い方式」を維持しながら、不法投棄対策を進めることになった。

形骸化する審議会

二〇一三年、再び見直しの時期がきた。海外では、EU諸国や韓国に加え、中国も「前払い方式」を採用し、世界の主流になっていた。一方、国内では、しばらく減少に転じていた不法投棄件数が増加に転じ、二〇一一年度は一五万八二三四台とピーク時に迫っていた。

経産省と環境省の審議会の合同会合では、審議の最初のころ、自治体側の委員に加え、量販店など小売業界の委員も「前払い方式」を唱えていた。

しかし、最終段階に入って、態度を表明する場で「前払い方式」を主張したのは、二八人の委員のうち、自治体代表の三人と大塚直早稲田大学教授ら研究者二人の計五人しかいなかった。審議会の形骸化が指摘されて久しい。私は約二五年間、環境関連の国の審議会をウォッチしているが、こんなにひどい状況になったのは、この五、六年のことである。以前は、委員たちがもう少し熱い意見を闘わせていた。今の審議会は、官僚の〝あやつり人形〟たちが、振り付け通りに演技する舞台のようである。

中央環境審議会の元会長、森島昭夫名古屋大学名誉教授はこう警鐘を鳴らす。「私が会長のときには、公平な議論をしようと、環境省には一切相談せず、自分の判断で審議を進めた。審議会は官僚の書いた筋書き通りに決める場ではないから。利害関係者が議論し、少しでも溝を埋める努力をし、合意点を見いだしていくのが審議会の役割だ。でも、最近は、委員が環境省を訪ね、会の進行の仕方を官僚と相談していると聞く。こんなことがあってはならない」。

使用済み製品の三割を占める「見えないフロー」とは

結局、家電リサイクル法は改正されず、「後払い方式」を続けることになった。

一方、ＥＵに倣《なら》って回収率の目標値を設定することになり、二〇一五年四月、家電リサイクル法の基本方針に、二〇一八年度の回収率（販売台数に占めるリサイクルされた台数の割合）の目標として五六％以上とすることが掲げられた。二〇一三年度の実績は、製造台数二五〇〇万台に対し、リサイクル台数は一二二三万台で、回収率は四九％。政府は、「不法投棄やスクラップに回っている分を減らせば達成可能」としている。

ところで、図4は、家庭から出た使用済みの家電四品目の行き先を環境省がまとめた推計値である。家庭から「製造業者」「廃棄物処理業者」「自治体」に流れるのが家電リサイクル法のルートだ。これと別にリユース店やスクラップ業者に流れるルートがある。

二〇一三年度の四品目の家庭・事業所からの使用済み製品の量は一六三九万台あり、このうち三割弱が、家電リサイクル法のルートに回らず、スクラップされたり中古家電として国内や海外のリユース店で販売されたりしていることがわかる。経産省と環境省の合同会合では、この三割の世界を「見えないフロー」と呼び、不法投棄や不適正処理の温床のような扱いで議論された。

しかし、製品を長持ちさせて使うリユースは、推奨されこそすれ、否定されるものではない。もともと家電リサイクル法は、リユース店で販売されるリユース品の市場や利用者の存在を考えないでつくられている。というのは、現行の「後払い方式」は、リユース品を買った消費者が品物を処分するとき、前の持ち主が使った分のリサイクル費用まで一括して負担させる不

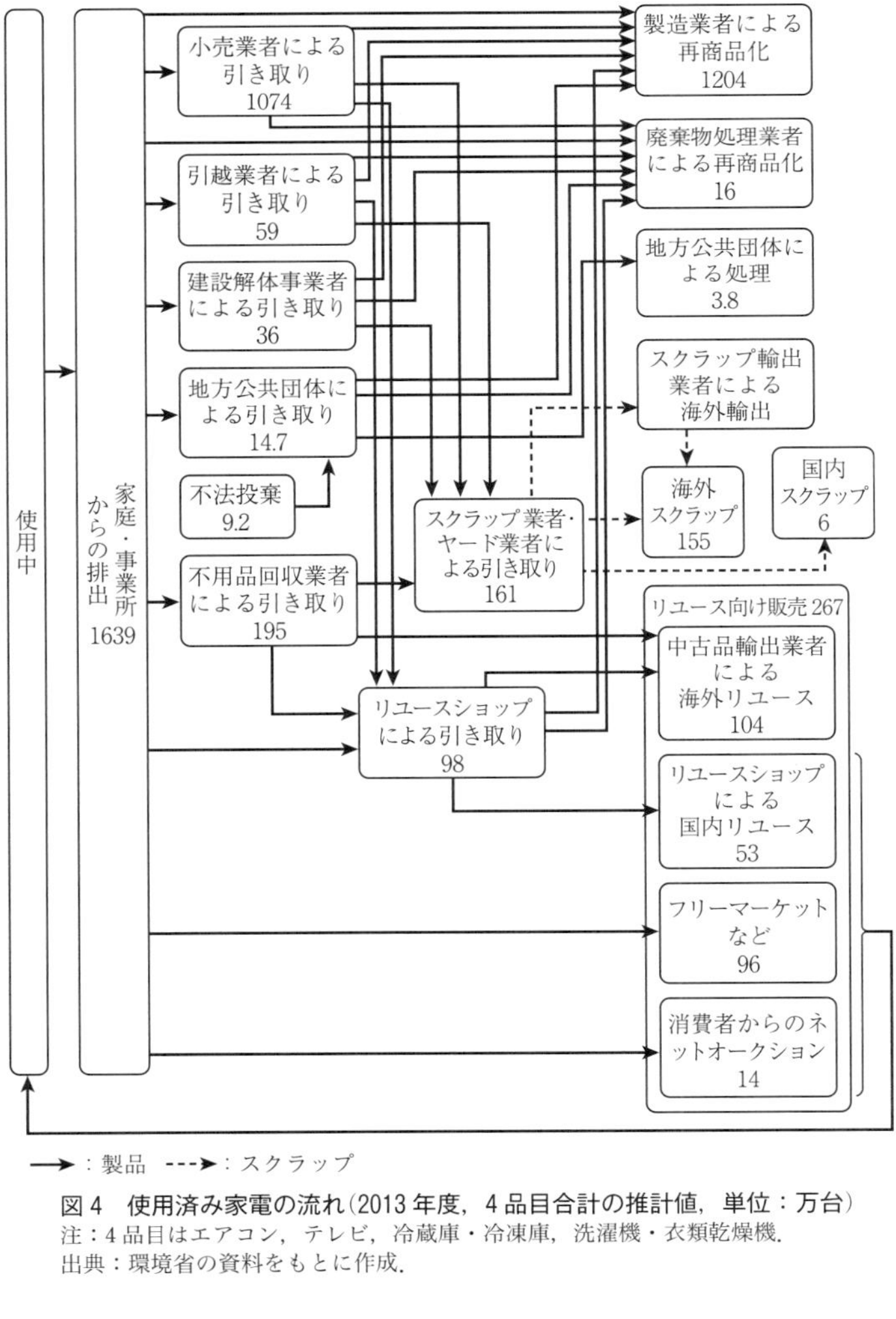

図 4　使用済み家電の流れ（2013 年度，4 品目合計の推計値，単位：万台）

注：4 品目はエアコン，テレビ，冷蔵庫・冷凍庫，洗濯機・衣類乾燥機．
出典：環境省の資料をもとに作成．

公平な仕組みになっているからだ。

食品廃棄物は品目ごとにバーコードで管理

横浜市緑区にある大手スーパーのユニー、アピタ長津田店を訪ねた。店内は買い物客で賑わっている。売り場の裏側に回った。プラスチックのケースが狭い作業場に並べられ、作業着姿の女性たちが、野菜くずや売れ残った総菜などの食品廃棄物を種類別に分け、袋に詰めていた。

「選別のときには、プラスチックなど異物が混じらないよう気をつけている」と女性店員。計量器で測ってスキャンすると、品名や重さなどが印刷されたラベルが出てくる。袋に貼り、保管庫で冷蔵する。

ユニーの店舗では、売り場ごとにバーコードが与えられ、ごみの種類、量、行き先、費用、処分方法などを管理している。データは愛知県稲沢市のユニー本社の端末に集約され、毎月一回、集計記録が店に送られる。「売り場ごとに廃棄物の処理費用が請求されるので、売り場は、廃棄物を減らそうと努力する」と、本社の百瀬則子環境社会貢献部長は話す。

アピタ長津田店は、食品廃棄物でつくった飼料や堆肥で豚や野菜を育てて食材に利用し、再び店で販売する「リサイクルループ」に参加している。野菜くずとパンくずを毎日、横浜市有機リサイクル協同組合（金沢区）に運び、組合は原料ごとに配合、調整しながら乾燥させ、豚用の飼料「ハマミール」をつくる。その一部は千葉県東庄町の養豚会社、アリタホックサイエンスが購入し、他の発酵飼料、配合飼料と混ぜて豚を育てている。育った豚は「アリタさんちの豚」として、再びアピタ長津田店に戻ってくる仕組みだ。

事業者が排出した食品廃棄物が、再び食品として戻る循環の輪「リサイクルループ」は、スーパー、デパート、コンビニ、ファストフードでもユニーと同じように進められている。ただ数は少なく、これを支援する農水省の「再生利用事業計画制度」の認定件数は、二〇一四年末現在、五三件にすぎない。

百瀬さんは「地元の農業生産者との協働で地産地消が進み、循環型農業にも貢献できる。しかし事業者の負担が大きいことがあり、飼料の製造業者が施設をつくろうとしても許認可権を持つ市町村が認めないことも多い。自治体みずからが、リサイクル施設の整備に動いてほしい」と語る。

このリサイクルループが功を奏し、ユニーの二〇一三年度の「再生利用等実施率」（発生抑制量とリサイクル量などの合計値を発生抑制量と発生量の合計値で割った数値）は六九・六％と、農水省が小売店の目標値として示した四五％を大きく上回った。

企業の自主的取り組みに頼る食品リサイクル法

ところで、二〇一二年度に事業者から出た食品廃棄物は一九一六万トン。その八割は、製造業者が、残りは小売りや外食産業などが排出している。製造業から出た廃棄物は大豆ミール（脱脂大豆）のような高品質の均一素材で、そのまま利用できるものが多い。これに比べて、製造・流通・販売のうち川下に位置する小売りや外食産業の廃棄物は、さまざまなものが混ざるため性状も一定でなく、異物も混入しやすく、リサイクルしづらい。

農水省は、食品リサイクル法で「再生利用等実施率」の目標値を業態ごとに定め、年間一〇〇トン以上を排出する場合には、報告を義務づけている。二〇一二年度の実績を見ると、食品製造業は九五％と目標値の八五％を大きく上回っているのに対し、食品卸売業は五八％（目標値七〇％）、食品小売業は四五％（同四五％）、外食産業は二四％（同四〇％）と、製造業に比べ、かなり低い（二〇一五年に目標値を製造業九五％、小売業五五％、外食産業五〇％に引き上げ）。

これとは別に、発生抑制の目標値（売り上げ一〇〇万円当たりの廃棄物量）を二六業種に定めてもいる。

他のリサイクル法に比べて、発生抑制を重視するところは評価できるが、一般の市民にわかりづらいところが難点だ。

しかし、容器包装リサイクル法や家電リサイクル法が、事業者の責任を明確にし、事業者やユーザーの負担でリサイクルするのと違い、食品リサイクル法は、目標を示して努力義務を課し、事業者に手法の選択を任せているだけである。事業者が国に定期報告した後、著しく不十分な場合には国が勧告、公表、命令できるが、実際に適用された例はないという。

一方、法律には、事業者のリサイクルを促進するため、ユニーのところで紹介した「再生利用事業計画制度」という認定制度と並び、リサイクル業者に対しては「登録再生利用事業者」という登録制度がある。いずれも、食品廃棄物の運搬時に、廃棄物処理法の規制を一部免除されるなどの特典が得られる。しかし二〇一五年三月現在、登録再生利用事業者は一七六にとどまっている。

バイオガス化施設の普及

飼料化や堆肥化は、食品廃棄物の性状を生かしたわかりやすいリサイクルだが、高品質の飼料や肥料を製造できる施設は少なく、食品廃棄物由来の飼料や肥料を嫌う農業者は多い。都市部ではにおいの問題もあって、高い運賃をかけて遠隔地の施設に運ばざるを得ない。そこで、農水省や環境省が注目するのがバイオガス化だ。

二〇一三年、農水省と環境省の合同会合でも、この問題が議論された。食品リサイクル法は、食品廃棄物のリサイクルの手法に優先順位をつけている。まず飼料化を優先し、次に肥料化。どちらも困難な場合にメタン発酵によるバイオガス化、炭化などの熱回収をおこなう。さらに七五キロ以内にこうした施設がない場合に限って、焼却発電を認めている。バイオガス化は、こうした制約を受けているが、発酵させて得たメタンガスを発電に使い、熱利用もできる。

二〇一二年七月に再生可能エネルギーの固定価格買い取り制度(FIT)がスタートし、下水汚泥や家畜糞尿、食品残渣《ざんさ》由来のバイオガス化施設で発電した電気は、一キロワット時当たり三九円(税抜)で売却できるようになったのも追い風だ。二〇〇二年に農水省は「バイオマス・ニッポン総合戦略」を策定、全国で三〇〇以上の地区が構想を発表し、農水省の補助金で施設整備が進んだ。二〇〇九年には「バイオマス活用推進基本法」が制定され、「バイオマス産業都市」の指定制度もできた。そのなかでバイオガス化は、エネルギーの地産地消を担う拠点の一つと位置づけられそうだ(第4章の3参照)。

ところが合同会合では、「バイオガス化の過程で出る液肥の利用ができていない」、「バイオガス発電では、リサイクルループにならない」といった厳しい意見が出た。それでも農水省のバイオマス循環資源課長の谷村栄二さんは「バイオガス化を普及させるためには、それに伴って発生する液肥の利用を進めることが重要となる。それが肥料になれば、優先順位の高い肥料化と同じ位置づけにできる」と語る。

都内の食品廃棄物は、東京スーパーエコタウンへ

東京都大田区の臨海地域、東京スーパーエコタウンにあるバイオエナジーは、食品廃棄物をバイオガス化し、発電している。都市部に飼料や肥料の製造施設がないため、産廃処理会社の市川環境エンジニアリングなど四社で設立して、二〇〇六年四月に稼働しはじめた。

東京都主催の見学会に参加してみた。ちょうど、都内のデパートの食品廃棄物をごみ収集車が運び込んだところだった。

施設のピット(一時貯蔵庫)に落とされたごみ袋を見ると、さまざまな食品廃棄物が混ざっている。破砕機で砕き、選別機でプラスチックなどの異物を除去して発酵槽に送る。三〇日かけて発酵させ、取り出したガスを使ってガスエンジンで発電。一日約一一〇トンの受け入れ能力があり、二万四〇〇〇キロワット時の発電量が得られる。半分を電力会社に売電、残りは施設で使っている。また、発生したバイオガスは発電機の容量を上回るため、都市ガス仕様にして、

一日二四〇〇立方メートルを東京ガスに供給しているという。

「食品廃棄物の受け入れ量が増えたことや、発酵の効率化で、発生するバイオガスが発電施設の容量を上回り、有効活用することにした。受け入れ料金が飼料化施設よりも安いためか、遠方からの需要も多い」と同社の担当者は説明した。有機物からエネルギーを取り出すバイオガス施設は、植物が吸収した二酸化炭素の量と燃やして排出される二酸化炭素の量が等しい「カーボンニュートラル」のため、二酸化炭素の排出はカウントされず、年間六三六〇トンの削減効果があるという。

中小事業者の食品廃棄物が自治体の焼却施設で燃やされる理由

食品リサイクルがなかなか進まない原因には、リサイクル施設が少ないだけでなく、自治体が、食品廃棄物を含む事業系ごみを焼却施設に低価格で受け入れ、燃やしていることがある。

中小の事業者に配慮して、多くの自治体は事業系ごみの処理料金を安く抑えている。飼料や肥料の製造施設の料金が一キロ当たり二〇〜五〇円なのに対し、焼却施設への持ち込み料金は一キロ当たり一〇〜二〇円が相場だ。なかには無料という自治体もある。政令指定都市と東京二三区を比べると、神戸市が一キロ八円、大阪市が九円、京都市が一〇円、川崎市が一二円、横浜市と新潟市が一三円、福岡市が一四円、東京二三区が一五・五円、名古屋市と札幌市と千葉市が二〇円といった具合だ。

農水省によると、全国の飼料化施設の料金は平均で二一・四円、肥料化施設が一八・二円、メタン化施設が二五円。近くにこうした施設がない場合は、高額の運賃がかかるため、地元の焼却施設に持ち込まれるのも無理はない。ただ、事業系ごみ処理料金の大幅な値上げは零細業者を苦しめると、慎重な自治体が多い。

ある自治体の担当者は「商店や零細企業が多いので、配慮が必要だし、首長や議員は選挙を気にし、大幅な値上げに踏み切れないでいる」と明かす。また農水省バイオマス循環資源課長の谷村さんは「ごみ処理は自治体の業務なので、環境省もむずかしい立場なのだろう。それでも、市町村がつくるごみ処理基本計画に、食品廃棄物の再利用を入れてもらうように環境省が働きかけることになった」と言う。だが、肝心の環境省が、焼却中心の考え方を改めない限り、現状が大きく変わることは期待できないだろう。

第3章

市民権を得て拡大するリユース

リユース店は明るく，品揃えが豊富だ（神奈川県相模原市）

1　国内リユースの世界

若者の目当てはオーディオと楽器

大勢の人々で賑わう、東京都千代田区にある秋葉原の電気街。大通りから一本入ったところに、六階建てのビルがある。その二階と三階に、中古品を販売しているハードオフ秋葉原一号店が入居している。二階にはオーディオや時計が、三階はギター、トランペットなどの楽器が、三七坪のフロアにぎっしり並ぶ。

横山昌宏店長が「秋葉原らしく、若者にターゲットを絞りました」と言う通り、来店者は若い世代が多い。マニア向けの逸品も多い。超高級カセットデッキのＮａｋａｍｉｃｈｉ　ＤＲＡＧＯＮは、二六万円の定価に対し、売値は一六万二〇〇〇円。三階には米国製のギターＧｉｂｓｏｎ　ＥＳ－３５５ＴＤが陳列され、四三万二〇〇〇円の値札がついていた。

横山さんは山形市の高校を卒業後、趣味を生かし、地元の楽器店に就職した。ハードオフにギターを持ち込み、店頭に並んでいた楽器を買ったことがあり、それが縁で転職した。

「昔高くて手が出なかったものが、リユース品なら手頃な値段で手に入る。秋葉原の電気街に溢れている新しい商品に負けたくない」と横山さん。売りにきた客が今度は購買客になり、客数と売り上げ高が膨らんでいく。

もちろん、出張買い取りもある。この日も客からの電話で、横山さんはワゴン車で江戸川区へ。ミニコンポを約一〇〇〇〇円で購入した。「一台でもワゴン車で向かいます。お客様は、いくらで売れるかより、むしろ持って行ってもらえるという安心感のほうが強い」。

時代の波がリユース業を押した

ハードオフは、フランチャイズ（ＦＣ）店も含め、二〇一五年五月末現在、七九二店を擁する。二〇一四年度の年商は、直営店が一六八億円。ＦＣ店も含めた売上高は四九二億円。国内リユース業を営む企業として、古本で知られるブックオフと双璧をなす老舗だ。ハードオフは、オーディオ、パソコン、ＤＶＤデッキなどの電気電子機器のほか、ＣＤ、ゲームソフトなども扱う。そのほか、玩具を主体にしたホビーオフ、衣類、アクセサリーなどのモードオフ、ワイン、ウイスキーなどのリカーオフなど、各分野に特化した店を展開している。

ハードオフの店はどこも、ぴかぴかに磨かれ、従来の薄暗いリサイクルショップというイメージがない。山本善政社長は、「リユース店を開こうと思ったころ、リユース店は汚い、臭い、格好悪い、感じ悪い、危険の五Kのイメージが強かった。それを払拭《ふっしょく》して、『逆五K』の店にしようと思った」とふりかえる。

山本さんの実家は新潟県で電器店を経営していた。それが縁で、大学卒業後、スーパー勤務を経て、家族の出資を受け、一九七二年に新潟県新発田市にオーディオ店を開いた。二四歳のときだった。五店舗まで拡大したが、オーディオ業界を襲った価格破壊の波をかぶり、売上高が激減。苦境に立たされるようになった。

起死回生のためには、豪華な場所で最高のオーディオ製品を並べれば客は帰ってくると考えた。九二年夏、なけなしの金をかき集めて新潟市のホテルを借り切り、オーディオフェアを開いた。たくさんの客が来た。だが、さっぱり売れない。

落胆し、ふと思い浮かんだのが、かつておこなったガレージセール。年に一回、倉庫に貯まった下取りの製品を安く販売したところ、これが飛ぶように売れた。そこで中古ビジネスで活路を開こうと決心した。

山本さんは言う。「始めたころ、エコロジーという言葉が登場した。私はこれだと思い、銀行から融資を受けるため、支店長に『店はエコロジーのためにもなるんだ』と言ったが、返ってきたのは『社長、エコロジーって何だ』で、融資を受けることもできなかった。だが、エコの時代が到来しつつあった。時代がリユース業の背中を押してくれた」。

まるで「一卵性双生児」のブックオフとハードオフ

山本さんがリユース店を考えていたころ、神奈川県相模原市に三〇坪ほどの店を構えていたのが、坂本孝さんだった。看板に「ブックオフ」とあった。古本のリユースを始め、直営店とFC店を合わせて四店舗ほど持っていた。山本さんの話や坂本さんの著書『ブックオフの真実』によると、坂本さんは大学を卒業後、家業の配合飼料の会社を手伝い、一九七〇年、山梨県甲府市にオーディオ店を開いた。国内だけでなく、輸入オーディオ製品もそろえていた。郊外型を生かして、いっしょにカーウォッシュの施設まで併設した。

そのころ、パイオニア主催の勉強会があり、山本さんと知り合った。お互いのオーディオにかける熱意を深夜まで語りあったという。坂本さんの店も価格破壊の波を受けたこともあり、五年で店を閉めた。その後、中古ピアノの販売や、イトーヨーカ堂の出店の事業と、仕事を変えた。

一九九〇年に横浜市のコミックを中心にした小さな古書店がはやっているのを見て、ひらめいた。そして相模原市の住宅地に小さな店を開いた。神田の古書店を訪ね、組合をつくって入札で仕入れていることを知り、パートやアルバイトの従業員と話し合い、その正反対を選んだ。「本の内容は一切問わずして、きれいか汚いか、新しいか古いかで値段を決めよう」。古書店の「古書高価買い」の宣伝をやめ、「読み終った本お売り下さい」とキャッチコピーをつけた。これが受け、あっという間に二号店、三号店を開店した。

新潟にいた山本さんは、そんなころ、坂本さんに会いに相模原に向かった。そして、語り合った後、自分の選択が間違っていないと確信した。「ハードオン」にしようと決めていた名称を、ブックオフにちなみ、「ハードオフ」に変更した。ブックオフのFCを引き受けるとともに、ゲームなどのソフトを販売する権利をブックオフに譲った。「これっておかしいでしょ。本来はお金儲けにつながることなのに。でも譲った」と山本さん。このときから、両社はお互い、競うように事業を拡大していく。

一九九三年二月。新潟市のハードオフ一号店の開店日。チラシを見た客が列をつくった。店舗の二階はハードオフ、一階はブックオフのFC。この日の売り上げは約五〇〇万円で、想定の一〇倍だった。九四年には、自分が経営していた家電店を次々とリユース店に転換。その後は、直営化とFC化の二刀流で店舗を展開。九九年には直営、FC店が一〇〇店舗を突破して、二〇〇五年に東証一部上場――。山本さんもその社員もオーディオの専門的知識があったこと、大手家電量販店との競争に敗れ、疲弊していた地方の家電店の店舗と店員を取り込むことができたことも大きかった。

ネットを使ったリユースが大流行

ブックオフは、一九九〇年に相模原市に一号店を開くと、翌年FC化に着手。店舗を増やして、二〇〇五年に一部上場を果たした。その後もFC店を増やし続け、二〇一五年四月現在、全国に九四二店舗を擁する。二〇一四年にはヤフーと資本・業務提携を結び、インターネットを使った販売にも力を入れている。

ネットで販売するユーズドネットも、ハードオフと同様に、オーディオ製品が主力である。埼玉県東松山市の修理工場を訪ねると、従業員が中古品の修理、点検に従事していた。隣の部屋ではジーンズ姿の従業員がエレキギターの調整に没頭している。ソニーなど大手企業のOBや音楽関係のマニアがネット事業を支え、新品同様に仕上げていく。

岩瀬勝一取締役は第一家庭電器の元部長。オーディオ部門を取り仕切っていたが、区切りをつけて二〇〇一年に退職。仲間を募って携帯電話の販売会社を設立した。軌道に乗ると知人に譲り、今度は、ユーズドネットの前身となるネット販売の会社を立ち上げた。「リユース業は、家電やオーディオに携わった人が多く、大手との競争に負け、経営苦からリユース業に転換した会社も多い。専門的知識のあることが幸いしている」と岩瀬さん。後で述べるPSE問題(電気用品安全法でPSEマークのない電気用品の販売が禁止され、リユース品も対象になった)のときは、反対運動の先頭に立ったという。

ネットへの波及がリユースの世界を広げる。環境省によると、ヤフーのインターネットオークションサイト、「ヤフオク!」は、取扱高が年間で七〇〇〇億円を超え、シェアの約八割を占めるという。出品者がサイトで出品した商品に、落札希望者が希望金額を入札する。最高値で入札した者が落札者になり、両者でやりとりする仕組みだ。楽天の「楽天オークション」、アマゾンの「マーケットプレイス」、モバイルユーザー対象の「モバオク」なども交え、ネット市場は拡大し続ける。

ただ、「お金を払ったのに商品が届かない」といったトラブルなど、課題もある。

宅配便を活用して消費者からリユース製品を買い取るサービスはリネットジャパングループが二〇〇〇年に本で始め、その後CD、ゲームソフトなどに広げた。宅配費用は事業者が負担し、査定後に同意すれば契約成立。お金が振り込まれ、同社がネット販売する。新しいサービスとして他社の参入も相次ぎ、同社もヤフーと業務提携した。新規参入が相次ぎ、新しい買い方や売り方が考案されていく。変化に富むリユースの世界の現実だ。

膨れあがるリユース業界

ハードオフ、総合リユース店を展開するトレジャー・ファクトリー（東京都足立区）、貴金属、ブランド品のコメ兵（名古屋市）など大手八社で、二〇〇九年に日本リユース業協会が設立された（二〇一五年三月現在、一二社が加盟）。初代会長に就任したハードオフの山本さんは「良質なリユース業者を育成したい」と、リユース検定制度をつくり、一五年三月現在、約三〇〇〇人が資格を得ている。

大手住宅メーカーの長谷工コーポレーションも参入した。その子会社が運営している神奈川県相模原市のカシコシュ相模原店。五六〇坪の店内には、冷蔵庫、洗濯機などの家電製品、ソファなどの家具、衣料、台所用品、工具など約六万点が並ぶ。高級ブランドの衣服を探していた、東京から来たという四〇代の主婦は「最近、一〇〇〇円で気に入ったジャケットを買った。デパートの高級品も量販店の安物も、買うのがばかばかしく思える」と話す。

なぜ、住宅メーカーがリユースなのか。カシコシュの樋口邦彦社長が言う。「マンションのエントランスを使ってやった買い取りフェアが住民に好評で、それを生かすことができないかと考えました」。

長谷工コーポレーションは首都圏を中心にマンションを建設し、総戸数は約五〇万戸。入居する住民から「持ってきたものが収納スペースに収まりきらない」、「でも捨てるのはもったいない」といった声が出ていた。

二〇〇三年、マンションに出向いて不要品を買い取り、販売する仕組みをつくり、〇五年に東京都青梅市にリユース店を開いた。店頭買い取り、出張買い取り、WEBでの宅配買い取り(ブランド品、貴金属限定)がある。マンションで買い取りフェアをおこない、販売する循環システムは、二〇一〇年度の「グッドデザイン賞」を受賞した。

衣料品のリサイクル・リユース率は二割と低く、あとは燃やされてきた。リサイクルしたものはウエス(工業用雑巾)と反毛(繊維に戻し、フェルトや軍手に)に利用されていたが、安価な輸入品に押されて縮小の一途だった。

だが、近年、中古衣料のリユースという形で、拡大の兆しが出ている。ブランド品を中心に扱うリユース店が増え、韓国やマレーシアなどの東南アジア諸国への輸出が増えている。貿易統計によると、二〇一三年の輸出量は二一万六〇〇〇トンと〇四年の二・四倍。輸出金額も四二億円から一一七億円に増えた。

大手のアパレル会社も動き始めた。オンワード樫山は、二〇〇九年から自社製品の引き取りを始め、一四年には東京都武蔵野市の吉祥寺駅前にリユースの直営店を開いた。チャリティー価格で販売し、売り上げ金は社会貢献に使うという。ワールドも同様に引き取りを始めた。

オークション会場でリユース品を調達

東京都足立区にあるジャパンオークションセンターにトラックが続々と乗りつけた。元倉庫だった三〇〇坪の建物に入ると、家電製品、家具、厨房品、事務用品などの中古製品が、コーナーごとにびっしり並んでいる。

朝九時。約七〇人のリユース業者が集まり、せりが始まった。会長の黒岩智行さんがせり人を務める。ステンレスの冷凍庫を指さし、「きれいですね。はい、一万五〇〇〇円」、「お父さん、どう？」、「いらないよ」。黒岩さんが値を下げる。「はい、一万二〇〇〇円」。沈黙のなか、業者が手を挙げた。一万二〇〇〇円での落札。

五〇〜六〇あった厨房品がはけると、隣の事務用品のコーナーに移る。ステンレスの机が五台。黒岩さんが「オカムラだよ。ものがいい。五万円！」。業者が「三万五〇〇〇円」。別の業者が「四万円」。先の業者が「四万二〇〇〇円」と値を上げ、これで決定。三〇〇〇円で始まったホワイトボードは一〇〇〇円でも引き取り手がなく、持ち込んだ業者の持ち帰りになった。続いて雑品コーナーへ移る。おもちゃ、CD、巻物、バッグ、ペンキ、壁紙、エレキギター。家の解体や引っ越しの際、選別に手慣れたリユース業者が請け負い、ここに持ち込まれることも多い。三〇〇円から数万円まで次々とせり落とされていく。最後の家電製品のせりが終わったころには、陽はとっぷり暮れていた。

リユース業者が協力しあい、センターが誕生したのは二〇〇九年。毎週水曜日にせりを開き、毎月第三日曜日には一般客対象のフリーマーケットが開催される。

林裕介社長は言う。「最近はネット販売目的の個人営業者が増えている。年間の売上高は三億円。大もうけはできないが、利用されなくなったものを再び、社会に送り出し、循環させている。これは社会貢献でもあると自負しているんだ。最近、環境省の官僚とコンサルタント会社の社員が連れだって見学に来た。コンサルタント会社の社員は『素晴らしい』とほめたが、官僚は、違法行為をしていないかしか関心がなかったようです」。

環境省は、事業者がリユース品と偽り、ごみとして処分しているのではないかと疑ったようだ。林さんは「ごみとして処分しなければならないものを、お金を払って買いますか」と一笑に付した。

電気用品安全法に反対し、中小業者が結束

この日、トラックに目一杯、落札した中古品を詰め込んだのが、神奈川県でリユース店を営む藤田惇さん。フジシロ工業の社長として四店舗を経営し、名古屋にあるオークションセンターの代表でもある。中古家電、家具、事務用品、食器など、品ぞろえが豊富だ。

藤田さんは一九六八年、兄と車の修理や板金塗装業を始め、最盛期は横浜の本社と六支店を構えていたが、やがて不況で経営が厳しくなり、飲食店、ゴルフの中古用品店、自転車の販売店など多角化を図りながら、現在の総合リユース業を定着させた。

藤田さんは、一般社団法人ジャパン・リサイクル・アソシエーション（JRCA）の代表理事を務める。リユース店、協同組合など個人業者を中心に約六五〇〇の事業者、一万店が加入し、「優良店認証」を発行している。同時にリユース業者の声を国に伝え、交渉する役割も担っている。藤田さんは「二〇〇六年にJRCAが発足したきっかけは、経産省が電気用品安全法を制定し、業界を規制しようとしたことだった」と語る。

電気用品安全法（PSE法）が二〇〇一年、電気用品取締法の改正法として施行された。メー

カーの自主性を尊重するが、新たにPSEマーク（電気製品が安全性を満たしていることを示すマーク）を製品に添付することを義務づけていた。

しかし、実施寸前になって、この規制が中古電気用品にも適用されるとの見解を経産省が打ち出した。困ったのはリユース業界。中古の製品は、旧電気用品取締法上の表示が付されているだけ。新たにPSE表示を得るには検査が必要となり、お金も人の手間も大変で、このままでは中古品は販売できなくなる。「死活問題だ」と反対運動が起き、藤田さんも仲間といっしょに経産省と交渉した。

結局、経産省は、強行するのを断念した。「リユース業者の存在は、役人の眼中になく、社会的な認知度が低かった。この仕事は循環型社会に貢献していることを、役所とともに、もっと多くの人に知ってもらいたい」と藤田さんは言う。

この反対運動の過程で、二〇〇六年、もう一つの団体である一般社団法人日本リユース機構（JRO）ができた。中小の六〇社、六〇〇店舗が会員だ（二〇一五年現在）。JROは、中古家電を安心して購入してもらうため、機能や安全点検をした製品を登録。バーコードに記録して履歴が追跡できるシステムを構築して、二〇〇八年から運用している。

代表理事の波多部彰さんは「リユース店に来る人は、年金生活者など生活の苦しい人が多い。

そんな人に支えられているからこそ、やりがいもある。消費者が安心して売買でき、リユース業者の社会的地位を高めるためにも、リユース業の社会的役割や責務を定めたリユース基本法の制定をめざしたい」と話す。

リユースの市場規模は三兆一〇〇〇億円

環境省が消費者へのアンケートなどをもとにおこなった推計によると、リユース市場の規模は約三兆一〇〇〇億円（自動車、バイクを除くと一兆二〇〇〇億円、二〇一二年度）。二〇〇九年度に比べ、規模は約二割増加したとしている（自動車、バイクを除く）。内訳はリユース店が七〇・二%、インターネットのオークションが一二・三%、インターネットのショッピングサイトが一一・一%、フリーマーケット・バザーが〇・三%など。品目別の内訳は、自動車が五六・二%、家電や電子機器類が八・四%、ブランド品が五・七%、ブランド品を除く衣類・服飾品が三・二%、家具類が一・七%などである。

経産省の商業統計によると、中古品小売業（リユース店）の事業所数は二〇〇七年に約七七〇〇、販売額は約三四〇〇億円。九七年の約四〇〇〇、約一〇〇〇億円から急激に伸びている。

ネットリサーチモニター約八万五〇〇〇人を対象におこなったアンケートでは、過去一年間に中古品の購入経験があるとした人の購入先は、リユース店が一六・三%、インターネットのオークションが一七・一%、インターネットのショッピングサイトが一一・八%、フリーマーケット・バザーが六・七%だった(複数回答)。

さらに過去一年間に中古品の購入経験のある人に、不用品をどう処理したかを尋ねた。品目ごとに見ると、家具は、自治体にごみとして出したのが四八・六%、リユース店(出張買い取り含む)が一五・三%。本は、リユース店(出張買い取り含む)が五五・八%、宅配買い取りサービスが一四・〇%。家電四品目(テレビ、エアコン、冷蔵庫・冷凍庫、洗濯機・衣類乾燥機)は、新製品を買った店が三七・六%、不用品回収業が一〇・三%、リユース店が一〇%であった。その他の家電は、自治体のごみが三五・八%、リユース店が一二・五%、インターネットオークションが一〇・〇%、不用品回収業が九・八%。自転車と自転車部品は、自治体のごみが三一・六%、新製品を買った店が一四・二%、不用品回収業が七・六%。パソコンは、インターネットオークションが二六・一%、自治体のごみが一六・五%、リユース店が一三・六%、不用品回収業が九・一%。販売先や処理先に、ずいぶんばらつきがあった(国は、消費者から事業者にリユース用に譲渡されるもの、廃棄されるもの、両方とも「不用品」と呼んでいるが、リユース業界ではリユース用を「不要品」と呼び、廃棄物と区別することが多い)。

リユース瓶は減っている

リユースというと、瓶のことを思い浮かべる人は多い。ビール瓶や一升瓶、牛乳瓶はいずれもリユース瓶。何回もくりかえし使うので資源が節約でき、環境に優しいと言われる。リユース業界が拡大していくなか、リユース瓶はどうなのか。

熊本県水俣市の水俣湾の埋立地は「エコパーク」と呼ばれる。毎年五月一日、水俣病の公式発見の日の慰霊式もここでおこなわれる。

その東隣の埋立地に二〇ヘクタールの「エコタウン」が広がり、リサイクル関連施設が集まる。その一つ、瓶商の田中商店（本社・熊本市）水俣営業所（エコボ水俣）は、瓶の回収と洗浄をしている。工場に入ると、瓶洗浄ラインの上を一升瓶が流れていた。女性従業員が、一本、一本、ライトをあてて、傷がついていないかチェックする。傷のない瓶は再びリユース瓶に戻り、メーカーへ。傷のついた瓶は粉砕機で細かく砕いて「カレット」にし、瓶工場に出荷される。

二〇〇一年に田中商店はエコタウンに進出。市が収集した瓶や地域の酒屋、さらに東京の瓶商から送られたビール瓶、酒類の瓶、生協のリユース瓶を扱っている。洗浄するリユース瓶は四五〇万本。それ以外の使い捨てのワンウェイ瓶は、細かく砕いてカレットにする。カレットは、瓶の再生工場で瓶の原料にされたり、道路工事などに使われている。

ペットボトルとは競争にならない

田中商店は、また、二〇〇四年から熊本、宮崎、鹿児島の三県を対象に始めた焼酎の統一リユース瓶（九〇〇ミリリットル）の回収、洗浄事業にも取り組んでいる。熊本県の七社と鹿児島県の四社の酒造、醤油メーカー計一一社の瓶を回収して、年間約一六〇万本出荷している。回収率は七割と高いが、経営は厳しい。熊本県内の瓶商は田中商店を含め二軒しかない。「規制緩和で酒類を誰でも販売できるようになったが、コンビニは手間がかかる瓶を置かない。リユース瓶も減る一方。生き残るため、最近、古紙のリサイクルも始めた」と田中利和専務は言う。それでも、地元でとれた米と芋でつくった焼酎をリユース瓶に詰めた「水俣あかり」を開発して、リユースの火を守る。

東京のトベ商事（本社・北区）も足立区の工場で、リユース瓶の回収、洗浄を手がける洗瓶商の老舗だ。戸部昇社長が言う。「一〇年前は、瓶はまだ大丈夫だと思っていたが、最近の技術革新でそうは思えなくなった」。彼は私に、プリフォームと呼ばれる直径二センチ、長さ一〇センチほどのプラスチックの筒を見せてくれた。飲料工場に運び、加熱したプリフォームを金型に挿入し、空気を吹き込んでペットボトルをつくり、中身を詰めているという。大型トラック一台に三〇万〜四〇万本は積めるからコストダウンできる。重い瓶にはこんなことはできない。紙パックへの転換も進んでいる。

日本ガラスびん協会によると、一升瓶の出荷本数は一九九〇年の一億四七二五万本が二〇一四年に六〇九一万本、ビール瓶は五億一八〇〇万本が一億一四〇八万本に減った。首都圏に五軒残っていた洗瓶商は最近、二社が廃業した。トベ商事は、プラスチックの選別・保管などに軸足を移し、総売上高に占める瓶の割合は五％しかない。それでも工場の敷地の半分ほどを瓶の洗浄、保管に充てているという。「経営的には、何をやっているのかと言われそうだが、でも、明治二六年の創業で、四代続けて瓶商として歩んできた歴史を踏まえると、そう簡単にやめるわけにはいかない」と戸部社長は語る。

学校給食の紙パックの牛乳を瓶に変えられないかと、検討する自治体もある。だが、給食現場の作業には高齢の女性も多い。重い瓶に戻して負担が増す心配もある。ペットボトルやアルミ缶、紙パックに囲まれて、リユース瓶はごく特定の分野でだけ生き残るのだろうか。

リユース促進に環境省も乗り出した

環境省が取り組んでいるのが「3R」だ。リデュース(発生抑制)、リユース(再使用)、リサイクル(再利用)の三つのRを指す。排出される廃棄物を燃やして埋めるだけの政策から、発生量を減らし、再使用して製品の寿命を延ばし、最後に再資源化することで、資源が循環する社会をつくろうという。しかし、現実にはリサイクルばかりが重視され、自治体の取り組みも弱かった。

そこで、リユースを広げるため、環境省は二〇一〇年、「使用済製品等のリユース促進事業研究会」を設置し、自治体がリユース業者の協力を得ながらモデル事業を展開することになった。

そのモデル事業の一つとして、前橋市は二〇一三年一二月、グリーンドーム前橋で「宝市」を開催。市民が無料で提供した日用雑貨や本、家具を市民が無料で持ち帰るイベントをおこなった。重さにして五トンのうち四トンがはけた。一四年一〇月も開催すると、一〇〇〇人が参加し、集まった七トンのうち六トンがはけたという。ごみ減量対策課は「買い取ってもらえるものはリユース店へ。市は、ごみ減量を目的に不要品交換の仲立ちをした」と言う。

東京都町田市は二〇一二年から一三年にかけて毎月一回、「リユースの日」と名づけ、市民から不要品を指定の場所に無料で持ち込んでもらい、協力したリユース四社に販売した。七・五トン集まり、まちだエコライフ推進公社が選別し、四・六トン(九七五一点)を三〇万円で売却した。

アンケートに回答した人の大半が、「継続してほしい」と書いたが、結局、今回限りとなった。環境政策課の藤松淳総務係長は、「リユース業者といっしょにやれる事業として考案したが、市民は価値があると思って持ち込んでも、リユース業者の目から見ると価値のないものが多い。マッチングがむずかしい」と語る。

東京都世田谷区は、区内と近隣地域にあるリユース店や宅配型の事業者を広報紙などで紹介した。「リユース事業を実際にやるのはむずかしいが、区民にリユース店を紹介することならできると、電話帳で調べることから始めた」と担当者は言う。税金で廃棄物を処理している自治体と、経済活動を優先するリユース業者とのコラボレーションは、始まったばかりである。

2　リユースと廃棄物の狭間で

不要品回収業者の一日

埼玉県所沢市の関越自動車道所沢インターを降りて約一〇分。佐藤好以《よしゆき》さんの二トン積みトラックが、浜屋（本社・埼玉県東松山市）の所沢支店に着いた。午後五時。荷台には中古家電や自転車が満載されている。すでにトラックが列をつくっていた。

四〇歳を超えたばかりの佐藤さんは、二〇一〇年から不要品回収業のアース工房を経営し、社員二人とともに練馬区と杉並区で回収している。佐藤さんは、まず自転車置き場にトラックを移動し、八台の自転車を降ろした。「一台八〇〇円ほどで買ってもらえるんですよ」。佐藤さんが笑った。査定する浜屋の高橋鋭一さんが言った。「一台、さびありです」。「スクラップか」。佐藤さんは顔をしかめた。

この日は朝から、トラックに同乗させてもらった。九時一五分にスタートし、練馬区を回る。すでに撒いたチラシで回収日時を知らせてある。住民が自宅前に出した中古品をピックアップして回るというやり方だ。「最初はスピーカーで呼びかけながら回っていたが、効率が悪い。同業者のなかには、中古品を荷台に載せてから、お客さんに金を要求する悪徳業者もいる。いっしょに見られるのが嫌でやめた」と言う。

ハンドルを巧みに操り、狭い路地へ。なかなか見つからない。「早朝、こっそり来て、持ち去る業者もいるんです。やられたかな」。やっと自転車が見つかった。サドルに貼りつけられたチラシが目印だ。ミキサー、鍋、フライパン、扇風機、ファンヒーター、パソコン、ミシン、掃除機、ラック、ＤＶＤレコーダー。手際よく荷台に配置し、次の場所へ。家の玄関にミニコンポがあった。「国内向けかな」。回収した中古品の多くは輸出に回るが、とくに品質のいいものは国内向けとして高く売れる。その家の女性が玄関先で、笑顔で待っていた。「ご苦労様」。お得意さんの一人だ。使い慣れたミシンを受け取る。「古いけど、まだまだ使えます」。女性が笑みをこぼした。

別の家の前では、チラシを持った男性のお年寄りが待っていた。「これを持っていってくれんかね」。壊れたテレビと段ボールの空箱が二つ。「壊れたテレビはだめなんです」。「なんで持ってけないんだ」。家電リサイクル法で、壊れたテレビの回収は禁止されている。リユース品とごみの違いを説明し、引き取り先の家電量販店を紹介した。

佐藤さんは、宮城県の大学を卒業して内装の仕事に就いた後、オーストラリアで一年間、働きながら、オートバイで旅をした。帰国後、いくつかの仕事を経て物干し竿の販売会社に。「旅ができるのが性に合っていた」。

東北から九州まで車で売り歩く日々。ある街で不要品回収の軽トラックを見た。「僕もできるかな」。そう思った佐藤さんは、知人から軽トラックを譲ってもらい、個人事業主として独り立ちした。「アース工房」の商標登録を取り、所沢市内に倉庫を借りた。半年に一回、東京都の環境局の職員が来て、伝票を点検する。

佐藤さんは、家の解体時に出る不要品の選別も請け負っている。千葉県内で民家での選別作業を見せてもらった。妻と二人で数日かけて選別すると、ごみとして処分する量は一〇分の一に。選別した品目ごとにリユース業者に売却していく。選別の手際よさは見事の一言につきる。

浜屋所沢支店の構内で半時間待ち、佐藤さんのトラックはようやく倉庫のなかへ。倉庫にはテレビや冷蔵庫が高さ五メートル以上積み上げられ、ノートパソコン、CDプレーヤーなどがコーナーごとに保管されている。高橋さんが、持ち込んだものが破損していないか、部品がそろっているか、一品、一品、目をこらして検品し、査定する。入社して四年。「ようやくこの仕事が板についてきた」と言う。

この日の佐藤さんの売上は二六品、計二万二六三円。市内のスクラップ会社に残った鉄くずを運び込み、佐藤さんの一日は終わった。「夢は都内にリユース店を持つこと。頑張らないと」。

海外リユースを展開し、三〇か国に輸出

佐藤さんが浜屋に持ち込んだ家電製品の多くは、途上国に輸出される。国の推計では、二〇一三年度にテレビ、冷蔵庫など四品目で一〇四万台が輸出されている。

中古家電輸出の最大手、浜屋の本社を訪ねた。小林茂社長に案内され、中古品の積み上げられた倉庫のなかを歩いた。オーディオのコーナーに、ピカピカの新商品がいくつもある。「たぶん、気に入らなくなって、手放したんでしょう。商売だから、いい物はほしい。でも、いつから日本人はこんなふうになっちゃったんだろう」と小林社長。

倉庫の外で、アフガニスタンから来たバイヤー二人が、コンテナに積み込まれる家電製品を点検していた。「日本製は品質がいい。長く使えるよ」。

年配の人なら、かつて日本でも買った製品が故障すれば、購入した電器店に修理してもらい、長く使い続けた経験があるだろう。それが今では、修理代はべらぼうに高くなり、新品を買ったほうが安い時代となった。新製品が登場しては消えてゆく。昔の日本のよき伝統を守ってい

るのが途上国だというのが、小林社長の持論だ。「東南アジア、アフリカ、南米などの約三〇の途上国に輸出しているが、人々は修理をくりかえし、大切に長く使ってくれている。日本製は、品質がよくて長持ちするから、その伝統にマッチしているんです。心配なのは、最近、信頼性が揺らぎつつあること。海外の業者から、壊れやすく、修理不可能な製品リストが送られてくる。寿命の長い製品をつくってこそ、日本ブランドだと思う」。

リユースに転身

埼玉県の高校を卒業して上京、ホテル勤めなど職業を転々としていた小林社長が、結婚を機に東松山の郷里に戻ったのは二六歳のときだった。タクシー運転手になったが長続きしない。鉄くずを集めてスクラップ業者に売っていた同僚を見て、これを本業にしたいと思った。中古トラックを買い、都内の工事現場や工場を回った。やがてモーターやトランスなどの解体業に転身した。その後、台湾などで日本の中古機械の需要があることを知り、一九九一年、浜屋を設立。工作機械や建設機械、農機具の中古品の輸出を手がけた。その後、家電電子機器類を中心とする現在の形になった。

全国に一五店舗を持ち、二〇一四年の売上高は一〇〇億円を超える。リユース品の調達は、下取りの中古品を持つ家電量販店や、粗大ごみとして回収した自治体から、それぞれ買った分もあるが、不要品回収業者から買ったものが大半を占める。全国の約三万四〇〇〇業者（個人含む）との取引実績があるという。

小林社長が起伏に富む人生を歩んできたように、社員の経歴も多彩だ。支店での売り上げ一位の所沢支店を引っ張る三〇代の若生陽介支店長は、宮城県の高校を卒業し、地元の森林組合で働いていたが、幼なじみの浜屋の社員に誘われて一〇年前に入社した。二〇〇九年に退職し、郷里で酪農を営んでいたが、請われて復帰。仙台支店の支店長として、東日本大震災で被災した支店の立て直しに奔走した。「自慢できるものは何かって？　腕相撲なら負けたことないなあ」と、くったくのない笑顔を見せる。

その下で働く曽根裕樹さんは、心優しき青年だ。大学を卒業後、千葉県の古本チェーン店に就職したが、人間関係に苦労し、数年で退職。埼玉県の実家に戻り、アルバイト生活を送っていた。「このままではだめになる。でもいったい、俺は何をしたいのか」と悩んだ。

二〇〇九年秋、ハローワークで、ある求人欄に目がとまった。浜屋だった。

「体力も精神力も弱く、すぐ投げ出してしまう自分を鍛え直すには、ここしかない」。曽根さんは、面接試験で「古本もリユース家電も環境に貢献している」と力説した。でも、それは、入りたい一心から出た言葉で、本心ではなかった。「本当は、自分を変えるためだったんです」と曽根さんは、当時をふりかえる。冷蔵庫など重い製品を抱え、担ぎ、疲れ果てて帰宅し、泥のように眠る毎日。思い悩む余裕はなかった。今ではフォークリフトの資格を取り、支店での信頼感も厚い存在に成長した。休みの日は、子どもたちのキャンプやクリスマス会など、ボランティア活動に忙しい。

パトカーに止められ、警察署に連行？

だが、リユース品と廃棄物の境界線のあいまいさが、新たな軋轢《あつれき》を起こしている。

アース工房の佐藤さんをはじめ、トラックで不要品を回収する事業者は全国に数万人いるとも言われる。主にリユース用の中古品の回収をおこない、鉄スクラップになる物もいっしょに回収しているケースが多い。価値のある中古品として消費者から購入したり、無料で譲り受けたりするのは合法だが、処理費などの名目で代金を徴収すると、廃棄物を扱ったとして廃棄物処理法違反になる、というのが環境省の見解だ。家庭から排出された廃棄物の収集運搬は市町村から許可された業者しかできないことを同法で定めているから、という。

ところが、環境省が二〇一二年三月に都道府県に出した通知と、啓発のためのチラシが、大きな波紋を呼ぶことになった。

環境省の通知の趣旨は、▽家庭から排出される使用済み家電製品を回収する業者は、市町村から一般廃棄物収集運搬業の許可を受けていないと、廃棄物処理法に抵触する、▽年式が古い、通電しない、破損しているなど中古品として市場性が認められない場合や粗雑に扱われている場合は、テレビなど家電四品目は、廃棄物に該当する、▽家電四品目もそれ以外の小型家電も、無料で引き取られたり、低廉な価格で買い取られたりしていても、直ちに有価物(廃棄物ではない)と判断されるべきではない、としていた。

二〇一三年につくり直し、全国の自治体や廃棄物関連団体に数十万枚送ったチラシには、中古家電を積んだ軽トラックの写真や空き地保管の写真があり、「不用品回収業者は市町村の許可を得ずに、廃家電などの廃棄物の回収を無許可で営業している者がほとんどです。違法な不用品回収業者によって回収された廃家電の多くが、不法投棄されたり不適正に処理されたりしています」と、消費者に利用しないよう呼びかけていた。

一方、中古品をリユース用に回収するのは合法だが、このことにはいっさい触れておらず、不要品回収業者を一律に違法と断定していると受け取られても仕方のない内容だった。

二〇一三年秋、さいたま市でこんなことがあった。回収業の松本俊和さん(仮名)が市内を軽トラックで回っていると、警察のパトカーが後をつけてきた。パソコンを荷台に積み込んだところで、「署まで来るんだ」。そして警察署で二人の刑事から「廃棄物だろう」、「収集運搬業の許可がないと違法だ」、「許可をとってからやれ」と、二時間にわたって事情聴取された。「パソコンはリユースされる」と説明したが、聞き入れてもらえず、二週間後に再出頭を命じられた。

怖くなった松本さんは、県庁の紹介で、廃棄物収集運搬業の許可を取るための相談会に参加したが、受付の男性は「ここはリユース業者の来るところじゃない」と言ったという。そこで市役所を訪ね、「許可を取りたい」と相談すると、職員は「新たに許可を出す予定はない。そもそもリユース目的の中古品は廃棄物じゃないから、許可なんかいらない」。二週間後、松本さんが警察署を訪ねてこの話を伝えると、刑事が言った。「あのあと調べたんだが、俺たちも何がなんだかわからなくなったんだよ」。

佐藤好以さんもパトカーに止められ、職務質問されたことが何回かある。東京都公安委員会が交付した古物商の許可証を見せ、正当な商行為だと説明したが、それでも首をかしげたままだったという。「集めたものを不法投棄してるんじゃないの?」。チラシを見たお得意さんから、こんな言葉をかけられる回収業者が、全国各地で相次いだ。

空き地型回収業者を摘発

この環境省の通知を使って業者を摘発したのが岐阜県警だった。二〇一三年四月、岐阜市の回収業、ファイブエスの経営者と従業員を廃棄物処理法違反の疑いで逮捕した。一般廃棄物の収集運搬業の許可なしで、住民からテレビや洗濯機、冷凍庫を回収し、自社の空き地に野ざらしにしていたというのが容疑だ。岐阜市が環境省の通知から廃棄物と判断し、告発したという。

現地を訪ねた。長良川の北、県道五三号の南側の住宅と畑が混在する一角。住民は「以前は『無料回収』ののぼりを立てて、テレビを山のように積み上げていた」と言うが、その面影はない。中古家電は業者の親族の手ですでに撤去され、空き地になっている。

市役所で、環境事業課の担当者が、摘発の経過を説明した。「決め手は、テレビなどの四品目を雨ざらしで放置していたこと。中古品として使うと言い張っても通用しません。集めた多くは重機で破砕し、雑品（鉄スクラップ）として商社を通じ、輸出していたようです」。

市内では、二〇〇九年ごろからこうした空き地型回収が増え、一〇年には五八か所までになった。そのうち住民から苦情があり、立ち入り検査に踏み切った。大半の業者は撤去したり、屋根をつけたりするなどして指導に従ったが、ファイブエスは四回の改善指導にも従わなかったので、告発に踏み切ったという。この結果、市内の空き地型回収は一一か所に減ったという。

一方、他の地域では、トラックで不要品を回収し、ユーザーから処理料金をもらったとして摘発されるケースもある。

収集運搬業の許可を取るのは困難

環境省の庄子真憲リサイクル推進室長は「不要品を回収したかったら、市町村から廃棄物の収集運搬業の許可を取ればいい」と言うが、市町村に申請したら許可が得られるのだろうか。

ある回収業者が、都内の区役所に相談したところ、区の担当者がこうさとしたという。「許可を取るための試験は受けられるが、針の穴を通すほどむずかしい。受験しても無駄に終わる」。その業者が調べてみると、二三区では、既存の許可業者が組合をつくり、家庭ごみの収集を独占していた。新規参入を認めず、相場の二倍近い料金で二三区と契約している。そんな世界に、新規参入できるはずもなかった。

先の岐阜市の職員にも聞いてみた。「許可業者の数を増やす予定はありません」。そして、私に廃棄物処理法の規定を解説してくれた。収集運搬業の許可を出す条件として、市町村がつくる一般廃棄物の収集などを含めた処理計画に適合していなければならないとされており、計画に位置づけられていない不要品回収業者は許可を出す対象ではないという。それにそもそも許可を出すのは、一般廃棄物の収集・運搬業者が対象で、有用物(持ち主が自ら利用し、または他人に有償で売却できるもの)を扱う場合には許可の対象とならないのだという。

それに、確実にリユースされる製品であっても、消費者からお金を徴収すれば廃棄物になるという環境省の杓子《しゃくし》定規な解釈が、この問題をさらにむずかしくしている。環境省は「もし、消費者から中古品を買っても、運搬費や処理費、運び出し費などの名目で業者がお金を徴収し、差し引き逆有償なら廃棄物とみなされる」(リサイクル推進室)というが、ある市の職員は首をかしげる。「現場で日々対応するわれわれは、そんな単純に割り切れない。家電製品の小売店だって買い換えのとき、不要品を引き取る際、多くは料金を公表せず高額の手数料をとっている。小売店は収集運搬業の許可なんか持っていません。厳密にいえば違法です」。

環境省の解釈だと、不要品回収業者が消費者から運搬費をもらってリユース店に運ぶまでの間、中古品は「廃棄物」となり、リユース店が「廃棄物」を有価で買い取ったとたんに「廃棄物」は有価物＝商品に変わるという奇妙なことになる。

不法投棄や不適正処理を防止したいという気持ちはわかるが、それにしても、なぜ、それほど環境省は、中古品を廃棄物と見なしたがるのか。取材を進めると、その裏に小型家電リサイクル法と家電リサイクル法という二つのリサイクル法の存在があった。

小型家電リサイクル法との競合

小型家電リサイクル法(以下、小電法)が制定されたのは、環境省が通知とチラシをつくった五か月後の二〇一二年八月。家庭から排出された携帯電話、パソコン、ビデオデッキなどの小型家電を自治体が回収し、国が認定した事業者が引き取り、選別して精錬所などに運び、貴金属やレアメタルを回収するのが狙いだ。自治体の自主参加方式で、多くが公共施設などにボックスを設置し、消費者が不要品を持ち込んでいる。市町村が収集する容器包装リサイクル法と比べて自治体の負担が小さく、わずかな金額とはいえ、認定事業者に買い取ってもらえる利点がある。

だが、小電法は不要品回収業者と競合する。回収業者にとっても、リユース業者に高く買ってもらえる品目が多いからだ。

当時、リサイクル推進室長として同法の仕組みを考案した環境省の森下哲さんは「家電リサイクル法や容器包装リサイクル法のような仕組みにすると、消費者や自治体の負担が大きくなる。費用が少なくてすみ、価値のある小型家電を国内でリサイクルしたかった」と語ったことがあった。

施行後一年半たった二〇一四年一二月、施行されたことによって生じた変化が公表された。小電法ルートに参加する自治体は、七五四市町村と全体の四割強に達したのである。環境省がボックスの設置費などのお金を負担し、自治体の費用負担を軽減したのが奏功した。

しかし、その前の二〇一三年度、小電法ルートで回収された小型家電は約九七〇〇トンにとどまった。小電法のルートと別に廃棄物処理業者などが回収した分などを合わせても約二万四〇〇〇トン。鉄、アルミ、銅が大半を占め、金、銀、パラジウムは少量で、レアメタルは微量すぎて、数字を出せなかった。そこで環境省は、一五年度の回収量を一四万トン、国民一人当たり一キロとする目標値を掲げることになった。

小電法で、小型家電が思うように集まらないのは、特定の回収場所まで消費者に持参させる回収方式だからだ。市町村が集めた不燃・粗大ごみから行政がピックアップする方式ならたくさん集めることができるが、職員の人件費などコストが高くつくというジレンマがある。ある大手製錬会社の買い付け担当は「自治体の回収は量が少なく、あてにならない。北米と東南アジアからの輸入が主力だ」と明かす。

小電法の狙いは、スクラップの輸出禁止？

入手した小電法の法制化をめぐる環境省と内閣法制局、経産省との協議記録（二〇一一年七月～一二年二月）がある。積み上げると一〇センチほど。いくつかの興味深い内容が記されているが、なかでも驚かされたのは、環境省がリユース品を除く、使用済みの小型家電の輸出規制をしようとしていたことだ。

途上国はリサイクルコストが安いので、小型家電の大半がスクラップ品として輸出されてしまい、国内でリサイクルする分が集まらないというのだ。国内にとどまるのは、一キロ当たり一四四九円以上の資源価値を持つ携帯電話ぐらいしかないと試算。そこで、輸出される小型家電は有価で取引されていてもいったん廃棄物とし、品目ごとに環境省が審査し、輸出してもいいか判断するという。

環境省案の第一六条は使用済み小型家電の輸出について「これを一般廃棄物の輸出とみなして、廃棄物処理法第一〇条の規定（同条の規定に係る罰則を含む。）を適用する」としていた。国内では有価で取引され、廃棄物処理法で規制されないものが、輸出時には廃棄物となってしまい、廃棄物処理法第一〇条で、輸出する場合、環境大臣の確認を受けなければならなくなる。

環境省が、拠所にしたのが「環境汚染の防止」だった。環境省は経産省に示した文書にこう記した。「使用済家電製品の輸出は、国際的には他国に迷惑を及ぼす行為として、例外的な場合にのみ国境を越える処理が限られるべきものであり、『廃棄物』であるといえる。〔中略〕『他国に迷惑をかける行為』を予防し、近代国家としての責任を果たすものである」。

もちろん、スクラップの輸出には、鉄スクラップにごみをまぜるなど、不適正処理のケースもあり、改善すべき点は多い。しかし、だからといって、スクラップの輸出業者を排除してしまおうというのだろうか。

案の定、経産省が反論した。「国内で廃棄物扱いされていない品目について、輸出においては廃棄物扱いするということなので、環境保全の名を借りた不当な数量制限と見なされる可能性が高く、WTOルール上、認められない。第一六条を削除すべき」。

これは決着がつかず、環境省の課長補佐が内閣法制局の参事官に相談した。

環境省「一六条をめぐる経産省とのやりとりは平行線。外務省の局長も入れて、〔中略〕四局長でやるという話になった」

法制局「『汚染の状況』をどう調べる？　どう把握する？」「中国等に行って調査できるのか？」

環境省「現地調査もやるし、品目毎に見てくる」

法制局「調査に行って土壌が汚染されているとわかったとして、それがデジカメのせいだといえるのか？」「中国のある地域で環境汚染があったとしても、中国における他の地域や、中国以外の国でもおしなべて一般的にそういう処理がされているといえるのか？」

環境省「自分はきちんとやっていると主張する業者に対し反証するのは大変かもしれない」

経産省は、「輸出された廃製品が、海外で環境汚染を引き起こしているかどうかの因果関係が不明」として、輸出規制の削除を求め続けた。結局、環境省が折れた。

二〇一二年二月、環境省が経産省と合意する直前に作成した文書にこんなことが書かれていた。「輸出規制の条文を削除することとしたい。違法・脱法的な海外輸出に対しては、〔中略〕廃棄物処理法の厳格な運用を図り、違法な不用品回収業者やヤード業者〔港の近くに用地を確保し、集めた廃家電などをスクラップし、輸出する業者のこと〕、輸出業者に対する取り締まりを強化」。悪質なスクラップ輸出業者や不要品回収業者を取り締まるため、環境省が業者への指導をうながす通知を都道府県に出し、先に紹介したような大量のチラシをつくったのは、その一か月後のことだった。

環境省がめざしていた小型家電のスクラップ輸出の規制は、国内でリサイクルに回る小型家電を確保したかったからにほかならない。法案では、リユース品は規制の対象外としていたが、リユース品として集めても、中古品としての価値がない物は、スクラップ品として市場に出回る可能性がある。もし、この法案が通っていれば、ごみを集めているとみなされた不要品回収業者は仕事ができなくなり、リユース業界は大きな打撃を受けたことだろう。

第2章で述べたように、国は、家電リサイクル法のリサイクルルートに乗らず、リユースに回ったり、スクラップされたりする別の流れを「見えないフロー」と呼び、問題視している。しかし、小電法も家電リサイクル法も、巨大なリユース市場の存在を無視して成り立っている。リユースせず、短期間で消費者が廃棄してくれたほうが、回収量が増え、リサイクルが進むという考え方だ。製品を長く使い続けるリユースとは、むしろ商売敵のような関係なのである。

不要品回収業者が組合を設立

環境省が二〇一三年につくったチラシに、そのことが最も反映されている。中古品を無料で回収し、それがリユースされるなら違法性はないが、環境省はリユースには一切触れない。チラシの写真に、冷蔵庫とテレビを積んだ軽トラックの写真があった。中古家電が倒れないようにロープで縛ってあり、丁寧に扱っているように見えるが、横に大きな×印がついていた。「リユース目的の製品なのではないか」。尋ねた私に、環境省の担当者は「回収業者が、消費者から処理費を受け取っていることを確認して撮った写真。明らかに違法です」と言った。

疑問を持った私は、苦労して、この写真を撮って環境省に提供した人物を捜しあてた。彼は、環境省の説明を否定した。「渋谷区を歩いていて、たまたま家電製品を積んだ軽トラックを見つけ、撮ったものです。この写真のことを知った環境省から、チラシに使いたいと頼まれて提供しましたが、回収業者が持ち主からお金を受け取ったかどうか、知るはずもありません」。

二〇一三年一二月、佐藤さんら不要品回収業者が集まり、一般社団法人日本リユース・リサイクル回収事業者組合(JRRC)を設立した。正会員六六七名のほか、登録会員一三三八名を数える。円滑に事業がおこなえるように、「リユース・リサイクル品の回収に関するガイドライン」をつくったり、各地で勉強会を開いたりしている。

佐藤さんは「みんなが法律を遵守し、社会に認められる存在にならないといけない。そして、自分たちも、資源循環の社会づくりを進める役割を担いたい」と語る。

組合から「実態を反映していない」と抗議を受け、環境省がチラシの表現を「いらなくなった家電は『正しく』リサイクル!」のように改めたのは、組合が設立されてから間もなくのことだった。

3　海を渡った中古家電

コンテナに五二六台の中古家電

日本から途上国に輸出されている中古家電製品や自転車、日用品などは、現地の人々が長く使ってくれているのか、それとも、すぐにごみになって不法投棄されているのか——。二〇一四年秋、フィリピンを訪ねた。

夜七時。マニラの中古家電店の前に、コンテナを積んだトレーラーが横づけされた。店員ら約一〇人が見守るなか、コンテナが開けられた。テレビと冷蔵庫がびっしり積み上げられている。テレビは、割れないように画面に段ボールが貼りつけられている。店員が一台ずつ、大切に抱え、下で構える店員に渡す。

ニルダ・フルヤマさんが、ほっとした表情で言った。「これは福岡県の業者から送られた家電。マニラ南港に着いていて、埠頭《ふとう》のヤードに運ばれたのに、税関が許可の手続きに手間取った。許可の更新時期に重なり、一週間もかかってしまったのよ。日本製は品薄だから、早く手にいれたかった」。

ニルダさんが経営するESP社は、海外から中古の家電製品や日用品を輸入して中古家電店に卸すバイヤー事業をおこなうほか、マニラに直営の五つの中古家電店を持っている。四〇フィート(六七立方メートル)の大型コンテナから運び出されたテレビと冷蔵庫は合わせて五二六台。積み卸しに約一時間。一つの冷蔵庫のドアが外れていただけで、それ以外に破損した製品は見あたらなかった。隙間なく積み上げるのが破損を防ぐコツで、テレビなら約一〇〇〇台積むことができるという。製造年は二〇〇〇年代が多いが、九〇年代後半の製品も混じる。

中古家電を積んだトラックは本社の倉庫に向かった。翌日、本社を訪ねると、中古家電店を営むジョン・タンさんがいた。「ソニー、サンヨー、シャープ。日本製は、品質がよくて長持ちする。一番」。並べられたテレビを一台、一台、傷やメーカー名を確かめ、品定めしている。タンさんは、マニラとマニラ近郊、セブ島などに一〇店舗を持っている。

ごみになるようなものは買わない

倉庫で従業員が、テレビの修理をしていた。自分の店で販売するテレビは、変圧器をとりつけてフィリピン仕様にし、もし不具合があれば部品を取り替える。

「輸入したもので、すぐに壊れてごみになるようなものはありません。ごみを買ったらビジネスがなりたたない」とニルダさんは言う。輸入手続きの代行業者への支払い、税金、ヤードの使用料、コンテナ代、船賃など、一本のコンテナの輸入に何十万円もかかるからだ。日本人と結婚し、この仕事を始めて二二年。信用のおける会社を見つけ、長くつきあうのが商売のコツだという。

昨夜、コンテナが横づけされていた店には、中古のテレビや冷蔵庫、ビデオデッキなどが並ぶ。一五〇〇ペソ(一ペソは約二・七円)する小型のブラウン管テレビと、二五〇〇ペソする液晶テレビが並ぶ。それを見比べていた市内に住むロリエデル・ロレンザーナさんは、会社員の夫と五歳の長女との三人暮らし。六年前、日本製の中古テレビを買った。「まだまだ使えるが、もう一台ほしくなった。夫の給料では新品を買えない。また、日本製を買いたい」と話す。予算は二〇〇〇ペソだそうだ。

修理代は、部品の代金だけ

マニラで家電店を四店経営するLYG社社長のレアンドロ・ガトマイタンさんの店も、テレビや冷蔵庫、ビデオデッキなどが並ぶ。脇で店員がテレビを修理している。ガトマイタンさんの妻の弟が船乗りで、日本とフィリピンを往復していた。電気製品を安く買ってフィリピンで売っているのを知り、二〇〇二年にこの仕事を始めた。

「ここに来る人はみな、生活が苦しい。売った製品が故障した場合は、修理部品のお金だけをもらい、修理費はもらいません。だから製品を一生使い続けることができる」とガトマイタンさん。店員のうち五人が修理担当で、部品は、秋葉原のようなマーケットで調達している。

製品は、一〇年以上たったものも多い。ユーザーはいつまで使い続けるのか。「平均で三年から五年。でもこれは壊れて廃棄されるわけではない。買い換えで持ってくる人も多い。製品を買い取り、使えそうなら再び店頭に並べます。基板が壊れて映らなくなっているなら、中国製の基板に取り替えればいい」。

ユーザーが製品を廃棄する際には、それを買い取り、ブラウン管、基板、コード類、金属、プラスチックといった素材ごとに分けて保管し、まとまった量まで貯めて、素材ごとにバイヤーに売却するという。プラスチックや金属は中国に輸出されているという。すべて有価取引で、ごみになるものはでない。ガトマイタンさんはそう強調した。

ＥＳＰ社も、修理の際、ユーザーから部品代しかもらわない。これが客を繋ぎ止め、次も買ってもらえる秘訣なのだという。長く存続する店はこうしたサービスをおこなっているようだ。

これなら、何回も修理して長く使い続けるというのもわかる。

素材ごとに分けて売却するのもLYG社と同じだ。ESP社では従業員が、ブラウン管を分解しながら解説してくれた。「ブラウン管から偏向ヨーク(コイル)を外し、コードを切って基板を外す。ここまで分解し、別々のバイヤーに売る」。ブラウン管のガラスは粉々にして、コンクリートに使われているという。

中古家電が陸揚げされるマニラ南港の近くの通りに、数百の商店が並ぶ。家電、オートバイ、衣類、雑貨などさまざまな輸入品が販売され、買い物客で賑わっている。中古家電店に入ると、テレビは韓国、EU、日本、冷蔵庫は日本とEUの製品が多い。店主が言った。「バイヤーから買ってきて、ここで点検、修理して売っている。五年は大丈夫だよ。シャープの冷蔵庫は二八〇〇ペソ。買わないかい」。

新品の中国製テレビは中古品でできていた

マニラから数十キロ離れた地方都市で、あるバイヤーと中古家電の販売業者の交渉に立ち会った。販売業者は日本製テレビがほしいという。訪ねた工場の門や塀に会社名がなく、ガードマンが目を光らせている。建物に入ると、大量のテレビと段ボールの箱があった。作業員が梱包するかたわら、長机に向かった作業員がテレビの部品を交換している。

応接室に現れた経営者は、上海から来た中国人だった。液晶テレビの価格表を見せられた。相手国の輸出業者が通電検査したものと、していないものの二種類が並ぶ。一八インチの液晶テレビなら、通電検査済みが一〇三〇ペソ、未検査が八七〇ペソ。三二インチなら検査済みが三三〇〇ペソ、未検査が二八〇〇ペソといった具合だ。経営者が言う。「韓国製も同じ値段で仕入れていますが、日本製のほうがクオリティは高い。外枠は中国から持ち込んでいます」。

輸入した中古テレビの内蔵品にまっさらの中国製の外枠をかぶせ、デパートなどで売っているという。通電検査した製品を高く買うのは、工場でチェックをしないからだ。フィリピンでは、こうした外枠だけ新しくしていろいろなメーカーの名前をつけた「リニューアルテレビ」を、中国人の業者が製造、販売しており、新品だと思い込んで買う人も多いという。

門の外に出ると、バイヤーが言った。「買い取り価格が高すぎる。コンテナ代や運賃を含めたら、中古品としてなりたたない。会社の名前を掲げていないから、政府の許可を得ていないのではないか」。「商談」が成立しなかったことは言うまでもない。

もったいない精神

経済発展が続くフィリピンでは、新製品の購買層が増えた。その結果、ニルダさんもガトマイタンさんも店を縮小する傾向にあるが、それでも低所得者に根強い人気がある。それに、修理しながら使い続けるフィリピンの文化は、なお健在である。

二〇〇七年から翌年にかけ、日本の国立環境研究所の研究員らが、フィリピンに輸出された中古家電を追いかけた。「アジア地域における廃電気電子機器と廃プラスチックの資源循環システムの解析」報告書によると、輸出されたテレビ五七五台を調べたところ、外装にひび割れなどがあったのが三%の一六台。接着剤で傷をふさいだり、ブラウン管の傷を研磨《けんま》したり、電源が入らない製品は基板を替えたりしていた。

また、国立環境研究所は、マニラの九店舗で約一〇〇人の客にアンケートした。そのなかでフィリピン(都市部)の平均月収一万七〇〇〇ペソを下回る人が七割以上いた。購入理由として「安価」が約八割。使用期間は「修理が出来なくなるまで」が約四五%、「手頃な価格の製品が出るまで」が二九%、「修理を必要とするまで」が一三%。推定使用年数は「五年」と回答した人が一番多く、それ以上(六〜一〇年)と合わせると六六%。低所得世帯を中心に購入され、修理できなくなるまで、くりかえし修理しながら使用されていることが裏づけられた。

フィリピン政府の統計資料によると、フィリピンでの新品の販売台数(二〇〇七年)は、テレビが約一一六万台、冷蔵庫が約六三万台、エアコンが約四六万台、洗濯機が約四六万台。フィリピン大学の推計によると、平均使用年数は、テレビは八年、冷蔵庫、エアコン、洗濯機は一〇年で、使用年数がすぎた半分がリユースに回るとしている。

通電検査に代わるトレサビリティとは

日本や欧州では、輸出する場合、電源を入れて正常に作動するかどうか通電検査し、作動を確認することになっているが、ニルダさんもガトマイタンさんも「あまり意味がない」という。店でチェックし、故障があれば部品を取り替えて店頭に出すからだという。

日本政府が通電検査を導入したのは、壊れている製品が輸出され、相手国で廃棄物になると不適正処理や環境汚染につながるとの懸念からだ。環境省が輸出業者に守ってもらうためにつくったガイドラインによると、通電検査のほか、中古家電の年式など、いくつかの項目がある。二〇〇九年四月にテレビに導入され、二〇一四年四月からは、すべての電気電子機器類に拡大された。

しかし、その規制措置を決めるために環境省が設置した検討会（座長・吉田文和北海道大学大学院教授）は、最初から非公開とされ、利害関係のあるリユース業者は「どうせ反対するから」（リサイクル推進室)と、意見聴取の機会も設けられなかった。そのため突然、家電リユースの規制案が公開され、パブリックコメントにかけられると、驚いたリユース業者らが反発。公開の場で審議をやり直すことになった。その結果、通電検査だけでなく、他の方法も認めた柔軟性のあるガイドラインに落ち着いた。入手した非公開の議事録を見ると、「日本だけでなく輸出先においても環境保全に対する責任を持つというスタンスで規制することが必要」(吉田座長)との意見もあったが、「研究者側における議論は必要であるが、行政が問題として取扱うには時期尚早」(寺園淳委員、後出)といさめるなど、委員の意見にも幅があった。

それにしても、すべての製品に通電検査を義務づけても実効性があるのか。ある輸出業者は打ち明ける。「うちではやっていない。輸入先が求めてこないんだから」。

別の方法を選択したのが、先述した大手中古品輸出会社の浜屋。トレサビリティ(追跡可能性)を確保して対処する案を環境省に提案し、特例として認められた。浜屋と輸入業者とが、環境契約を結び、破損したりして相手国で修理ができない場合、浜屋が製品を引き取ることを定めている。相手方にも修理できない製品があれば、浜屋に申告する義務を課した。製品に破損や欠品、さびなどがないか確認した結果を通報してもらい、修理不能の製品は返送してもらう。

「むずかしいのは、輸入業者が製品を調べないまま、販売店やバイヤーに転売してしまうケースがあること。そこで、輸入業者が売却した販売業者にもこの申告用紙が渡るようにし、点検結果を書き込んで日本に送り返してもらい、製品の行き先を追跡、確認できるようにした」と、統括本部長の橋本俊弘さんは話す。産業廃棄物の排出から最終処分まで追いかけ、記録した日本のマニフェスト(管理票)制度に似ている。浜屋は、二〇〇九年にこの流通経路がわかるトレサビリティの仕組みを導入したものの、マカオとミャンマーの輸入業者と連絡が取れなくなるトラブルがあり、試行錯誤しながら現在の仕組みになったという。

この制度で返品された数は、フィリピン向けの場合、二〇〇九年九月から一四年三月までの間に輸出された一一三万台のテレビのうち一一七台。四回に分け、貨物船や飛行機で返品された。一四年四月から六月までの三か月間では、二五か国、一〇七万台が輸出され、九〇台が修理不能と報告があり、順次、返送されているという。ドバイからは腕時計が送られてきた。

南越商会(埼玉県日高市)とリサイクルポイント東京(東京都八王子市)も、この方式を採用しているという。

土壌汚染で子どもに健康リスク

家電電子機器による途上国の越境汚染問題に詳しいのが、国立環境研究所・資源循環・廃棄物研究センター副センター長の寺園淳さんだ。二〇〇二年に国際NGOのバーゼル・アクション・ネットワークがアジアで処分されるハイテクごみの実態を告発して国際問題になったころから、この問題にかかわり、各国のNGOや研究者と情報交換したり、研究成果を提供したりしてきた。

国立環境研究所は、二〇一〇年にマニラ首都圏と近郊の都市で、許可を得た処理施設(三か所)と無許可の「ジャンクショップ」などの施設(三か所)の土壌汚染などを調べた。

フィリピンでは、国の許可を得た処理施設がもっぱら産業廃棄物の処理をおこない、家庭から排出された家電は、再生資源を扱う「ジャンクショップ」や「バックヤードリサイクル」と呼ばれる一般家庭などインフォーマルな場所で処理されている。

処理施設の土壌中の金属類(カドミウム、鉛、亜鉛など一一種)を調べると、銅はオランダの定めたガイドライン値の九・四倍あった。他の金属は、中国の台州市やインドのバンガロールの施設とほぼ同じレベルだった。

インフォーマルな場所では、カドミウムが三・一倍、鉛が九・四倍、亜鉛が六・四倍。鉛は、日本の土壌汚染対策法で対策をとる基準とされる土壌一キログラム当たり一五〇ミリグラムを大きく上回った。作業員の血液に含まれる鉛は、数人が一〇〇ミリリットル中一〇マイクログラムを超えた。日本にはこれを評価する安全基準がないが、米国保健社会福祉省・疾病管理予防センターの標準値である成人二五マイクログラム、子ども一〇マイクログラムの子どもの標準値を上回っていた。

フィリピンを歩くと、スラム化した集落では、必ずといっていいほど「ジャンクショップ」の看板が目につく。マニラの小さなジャンクショップをのぞいてみた。古紙、プラスチック、壊れかかったイスなど、あらゆる物が持ち込まれ、従業員が選別している。廃屋としか呼べない場所に保管され、一定量たまると、トラックで別の「ジャンクショップ」に移していた。

先の国立環境研究所の報告書によると、ジャンクショップでは、一〇〜六〇歳までの作業員の日当は五ドル以下で、基板から貴金属回収をおこなう作業員は約一四ドル。この作業員の所得はフィリピンの平均賃金をやや下回る程度で、他の作業員はかなりの低賃金となる。健康が心配される劣悪な労働環境だが、この仕組みのなかで、排出された家電が資源として有価で回り、その仕事に携わる人々の雇用の場になっていることも、また事実である。

製品の寿命を延ばし、資源の消費を節約

一方で、リユースは製品の寿命を延ばし、廃棄量を減らす効果がある。国立環境研究所の「アジア地域における廃電気電子機器と廃プラスチックの資源循環システムの解析」報告書は、日本で一〇年使われた製品がフィリピンでさらに五年使われて廃棄されたケースと、輸出をやめ、日本で一〇年使った製品を国内で廃棄し、フィリピンでは新製品を使うケースを比較している。その結果、前者のほうが、日本では四割の資源消費の節約になることがわかった。ただ、日本で不要となった中古製品が、フィリピンで最後に廃棄されるので、その費用負担をフィリピンに押しつけることになる。

吉田綾主任研究員は研究所のホームページでこう指摘する。「八〜一四年前のテレビが、フィリピンで修理されて、引き続き使用されることは、フィリピン国内の新品テレビの需要を代替するという意味で、新品の製造過程の環境負荷削減につながります。しかし、その一方で、製品の処理やリサイクルが不適切な方法で行われれば、結果として環境を汚染するおそれがあります。しかし、この処理・リサイクルに伴う環境汚染は、日本の中古品に限らず、新品の製品についても考慮すべき問題です」。

廃棄された家電製品や電子機器が環境汚染をもたらす問題は、中古家電の販売業者や輸出業者一人に責任をかぶせるのではなく、メーカーが有害物質を含まない製品をつくるなど、全体で真剣に取り組むべき問題だと思う。

寺園さんは「家族で営んでいるジャンクショップでは、子どもたちが配線を焼いて銅を取り出したりしていて、心が痛んだ。国際的には、中古電気電子機器の途上国への輸出に対し、規制を強化するというのが世界の趨勢で、日本もそれにならうことになるだろう。ただ、修理しながら使い続ける仕組みがあるフィリピンのような国には、別の基準があってもいいかもしれない」と話している。

プリント基板を日本へ輸出

電気電子機器の基板からは、貴金属やレアメタルが得られ、価値が高い。だが、不適切な処理をすれば環境汚染を引き起こす恐れがある。フィリピンでは、日本企業が基板を買い取り、日本国内の精錬所で回収する動きが本格化している。

浜屋も二〇一三年秋、基板の回収事業に乗り出した。子会社の所有する建物は、マニラ郊外の、ペットボトルの圧縮施設や肥料工場などリサイクル施設が集まる一角にある。バイヤーから基板を買い取り、選別して日本に運び、製錬所に売却している。

体育館のような建物のなかで、二二人のフィリピン人の若者が基板をより分けていた。ドライバーでプリント基板を分解し、フレキシブルコンテナバッグに投げ込む。そのバッグは、「PCB　SERVER」、「PCB　MONITOR」など一〇種類に分けられ、さらにグレードごとに三ランクに分けられている。現地の従業員の指導にあたる高坂信幸さんは「基板といっても金の含有量などに大きな差があり、その見極めが大事だ」と話す。二〇代の従業員、ボニパチオさんは「最初は戸惑ったが、ようやく慣れた。毎日、無料で出してくれる昼食が楽しみ」。子会社の古山朋二社長は「みんな、よく働いてくれる。現地は失業率が高いから、ずいぶん感謝されている」と満足気だ。

基板四八キロで六六〇〇ペソを得る

浜屋では工場などから基板を集めてくる大手バイヤーとの取引が多いが、個人で基板を売りに来る人もいる。

六〇代のドミンゴさんは、自転車で家庭を回って、テレビやパソコンを買い取り、ばらした基板を持ってくる。この日、持ち込んだ基板は四八キロ。パソコンのメモリーや携帯電話の基板は一キロ一〇〇〇ペソ以上の値がつくが、テレビの基板は一桁安い。ドミンゴさんの基板の評価額は六六一五ペソだった。浜屋から派遣された会計担当の西田幸枝さんからお金を受け取ると、ドミンゴさんから笑顔がこぼれた。

西田さんは言う。「現地の相場より高い値だと喜ぶ顔を見ると、私もうれしくなる。輸出した中古家電から回収した基板を買い取り、日本に持ち帰って資源に戻すことは、ビジネスだけでなく、フィリピンの環境保全にも役立つのではないか」。

二〇一三年、経産省があるモデル実験に取り組んだ。補助金を受けた日本企業が、セブ島で携帯電話を回収し、基板を日本でリサイクルし、その他の残渣《ざんさ》は現地の施設で処理するという実験だ。日本の小型家電リサイクル法の仕組みをまねて、役所に回収ボックスを置いたり、イベントで呼びかけたりした。しかし無料で提供する方式なので、ほとんど集まらず、結局、「ジャンクショップ」から買いつけて調達した。

有価で回っている世界に、日本の無償回収の仕組みを導入しようとしてもうまくいくはずがない。その国に定着した仕組みを生かしながら、日本の政府や企業が、環境改善にどう貢献するかが問われているのではないだろうか。

第4章

ごみ事情最先端

香川県豊島の不法投棄現場では撤去作業が続いていた（2005年10月）

1　焼却工場が余っている

ごみが足りない!

ごみが右肩上がりで増えつづけたころ、自治体は焼却施設と埋立処分場の整備に力を入れた。ごみ処理とは「燃やして埋める」ことだった。しかしバブルがはじけ、経済活動の停滞でごみが減り、リサイクルの進展がその勢いを加速させた。ごみ処理の象徴だった焼却施設が、過剰となる時代がやってきたのである。

二〇一三年現在、市町村や近隣の市町村でつくった一部事務組合が運営する焼却施設は全国に一一七二ある。一〇年前と比べて二割減った。小さな施設が多いことから、世界各国と比べてもなおダントツの多さだが、ごみの排出量は二〇〇二年度の五一六一万トンから一三年度は四四八七万トンに減り、焼却量は四〇三一万トンから三三七三万トンにと、二割減った。しかし一日当たりの焼却能力は約一九万九〇〇〇トンから約一八万二六〇〇トンと、一割弱しか減らず、一三年度の焼却能力は、実際の焼却量を四割以上も上回る。

東京都江東区の荒川の河口部に「夢の島」がある。ごみの埋立地で、清掃工場の建設がごみの増加に追いつかなかったころ、膨大なごみが持ち込まれ、悪臭とハエが大発生し、江東区民の怒りを招いた。美濃部亮吉都知事が「ごみ戦争」を宣言することになった、いわくつきの土地だ。跡地に公園が整備され、第五福竜丸の展示館に多くの市民が訪れる。

その西側にモダンな形をした、船を想起させる白色の巨大な建物がある。一日に一八〇〇トンの処理能力を持つ国内最大の新江東清掃工場で、東京二十三区清掃一部事務組合が管理運営する。

一九九八年に竣工《しゅんこう》したが、すでにバブルの崩壊後で、ごみの排出量は八九年をピークに急激に減り、竣工の前年に、排出されたごみはすべて清掃工場で処理する「全量焼却」が達成されていた。しかし東京都は、ごみが減りつづけると思ってはいなかった。景気が回復すれば再び増加に転じるので、清掃工場の建設が必要だと思っていたのである。

ごみが減っても清掃工場の建設が続いた

一九五〇年代、東京都では急増するごみが大きな社会問題となっていた。内陸と海面の処理場に埋め立てていたが、やがて満杯となり、「夢の島」として知られる一四号地（四五ヘクタール)で、二三区のごみの埋め立てを始めた。都が一九六三年に策定した長期計画では、七年後の七〇年度にごみの「全量焼却」を達成するとしたが、ごみの増加に追いつかず、六六年度には七〇年度の予想量を突破してしまった。都は各区に清掃工場を建設する目標を掲げるが、ごみの排出量は一九六九年度に三〇〇万トンを突破、八九年度のピーク時には約六一三万トンを記録した。

しかし、バブルの崩壊で急激にごみが減り、江戸川清掃工場が竣工した九七年、全量焼却を達成した。

ごみが減り続けるなかで、清掃工場を維持するためのごみが確保できないという心配が生まれた。なかでも規模の大きい新江東清掃工場の状況は深刻だった。清掃工場のOBはこう語る。「工場長はごみを確保しようと、事務局とかけあったりして、大変だった。受け入れた事業系のごみには、本来、搬入が禁止されていた千葉県からきた疑いのあるものもあったが、『ごみが確保できるなら』と、不問とされたこともある」。

組合が二〇〇六年に策定した一般廃棄物処理基本計画では、ごみ処理量(可燃ごみが大半)は〇八年度にかけて一時的に減るが、その後は二〇年度まで増え続けることを前提としていた。

組合幹部は、二〇〇六年当時、私に言った。「ごみ減少の動きはもう下げ止まりだ。人口も増えるから、増加に転じる」。しかし、リサイクルが進むと可燃ごみは減った。予測がちがって、組合は二〇一〇年に計画を改訂。ごみの処理量は当時の二九六万トンから、二〇年度に二八八万トンに減ると予測し直した。ところが予測以上にごみは減りつづけ、一三年度の処理量は二八二万トンと早々と計画を達成。一五年二月に計画を見直し、二〇年度に二七五万トン、二九年度に二七三万トンと予測した。

予測した数値がいつも実際のごみ処理量を大幅に上回り、実態と乖離《かいり》するのは、余裕のある清掃工場の休廃止問題に手をつけず、先延ばししたいからではないか。将来にわたって大幅にごみが減るとなれば、今からどの区の工場をいつ休廃止するか、計画をつくらなくてはならない。しかし、工場の選定をめぐって区同士がもめたり、職員の雇用問題が発生したりするおそれがあるからだ。

組合は二〇二九年までに、建て替え期に入る一二工場の半分を建て替え、残りは改修して使い続け、清掃工場はすべて残す計画を立てている。二一工場の焼却能力は一日当たり一万二〇〇トンあり(建て替え中の二工場を含む)、年間二八三日稼働すると約三三九万トンのごみを燃やせる。これは、実際の焼却量の一・二五倍になる。さらにごみが減れば、この差はもっと広がるが、組合の柳井薫企画室長は「ダイオキシン対策で、九〇年代から二〇〇〇年代前半にかけて多くの清掃工場を新設したり、建て替えたりした。それが二〇年以上たって更新時期を迎える。建て替えの間は、他の清掃工場が引き受けざるを得ず、余裕がなくなる」と説明する。

二〇一三年度の二三区のリサイクル率の平均値は一八・三%と、全国平均の二〇・六%を下回っている。しかし、それは、リサイクルにもっと力を入れれば、ごみ焼却量を大幅に減らせることを物語っている。組合の説明とは裏腹に、将来、間違いなく、いくつかの清掃工場を廃止するときがやって来るだろう。

干潟をごみで埋めようとした名古屋市

名古屋港の湾奥《わんおう》部に、約三〇〇ヘクタールの藤前《ふじまえ》干潟が広がる。シベリアとオーストラリアを行き来するシギやチドリの中継地として知られる。

岸辺に環境省の稲永ビジターセンターもあり、そこを訪ねると子どもたちが望遠鏡で野鳥の動きを追っていた。センターの運営を国から委託されているのは、NPO法人藤前干潟を守る会。理事長だった辻淳夫さんは、干潟の保護運動を続けてきた。辻さんは言う。「干潟がごみに埋もれないでよかった。生物調査をしたり、署名活動をして市議会に陳情したり、やむにやまれぬ気持ちで市長選に出たこともあった。干潟を守れという世論が、市の埋め立て計画を中止させた」。

藤前干潟が前面に広がる港区の埋立地に、巨大な煙突がそびえる。名古屋市の南陽工場だ。一九九七年に竣工し、一日に一五〇〇トンの焼却能力を持つ。名古屋市でも、かつては、ごみを燃やして埋めるのが市の環境局の仕事だった。ごみの量は右肩上がりで増え続け、リサイクルされる資源ごみを除いたごみの処理量は、九三年度の九〇・八万トンから九八年度に九九・七万トンとなった。

市は焼却工場を整備したものの、岐阜県多治見市内に確保した埋立処分場の余裕がなくなり、藤前干潟を新処分場の候補地と決めた。

埋め立て担当の参事は、一九九八年当時、私に言った。「野鳥より、市民生活のほうが大事だ。埋め立てができないと、ごみが市内にあふれ、大変なことになる」。松原武久市長や地元の議員らは、永田町の議員会館を回って理解を求めた。愛知県選出の元参院議員、大木浩氏は、真鍋賢二環境庁長官を訪ね、市の埋め立て計画への同意を迫ったという。真鍋氏によると、そのとき、こうきっぱり言ったという。「私は環境庁の立場を尊重し、思いっきりやるつもりです」。

実は、前の環境庁長官は大木氏で、そのころ環境庁の自然保護局が計画を止めようとしたことがあった。だが大木氏は地元の埋め立て促進派の陳情を受け、動こうとしなかった。大平正芳氏の秘書から政治家になった真鍋氏は、日中間の環境交流など環境外交に成果を上げる一方、トキの保護など国内の自然保護にも力を注いだ。

一九九八年、岡田康彦企画調整局長に真鍋長官は「環境庁一丸となって取り組んでほしい」と指示すると、国立環境研究所に埋め立てによる環境への影響をまとめさせた。そして自民党の了解を取り付けて、埋め立て事業で干潟の環境は取り返しがつかなくなると結論づけた報告書を市に突きつけた。強硬な埋め立て賛成派は、地元の民主党議員だけ。自民党からも見放されて孤立した市は、計画撤回に追い込まれた。

退任後、真鍋氏は私にこう語った。「在任中、深く記憶に残る出来事の一つが藤前干潟の保全だった。一九九八年秋、干潟をこっそり視察した。昔、訪ねたことがあったから懐かしかった。奇跡的に残った干潟を見て、何としても守ろうと思った」。

埋め立てを断念した市は、一九九九年二月、「ごみ非常事態宣言」を出し、資源ごみの回収とリサイクルに乗り出した。

家庭ごみについては、瓶・缶収集を拡大して集団資源回収の助成を強化した。そして容器包装プラスチックの分別収集を開始し、市が指定した半透明のごみ袋を導入した。

事業系のごみについても資源ごみの処理施設への搬入を禁止し、市が指定したごみ袋を導入した。

名古屋市が、燃やして埋める政策から、ごみ減量とリサイクルにカジを切ると、ごみが減りだした。二〇〇〇年度の資源ごみを除くごみ処理量は七六・五万トンに、一三年度は六一・五万トンに減った。しかし、新たな収集や選別・保管施設の運営に税金が投入され、ごみは減っても費用が増える「リサイクル貧乏」であった。その後市は、民間委託を進めたり、競争入札を導入したりして経費を節約。二〇一三年度の収集処理費用は二二八億円となり、ピークだった二〇〇〇年度と比べて二割以上減った。

横浜市はG30でリサイクルに転換

横浜市は、焼却工場を次々と休廃止したことで知られる。二〇〇五年に栄工場、〇六年に港南工場が廃止、一〇年に保土ケ谷工場が休止された。三工場で、合わせて一日当たり三六〇〇トンの焼却能力があった。決断したのは、中田宏市長だった。

横浜市は二〇〇三年一月、ごみ量(資源ごみを除く)を、二〇〇一年度の一六一万トンから一〇年度までに三〇%減らす「G30プラン」を打ち出した。分別収集を五分別七品目から一〇分別一五品目に増やし、容器包装プラスチックの収集を開始。事業系ごみの焼却工場への搬入を禁止して、分別を守らない場合に過料を徴収する罰則をつくった。ごみ量は急下降のカーブを描き、二〇〇九年度に九三万トンと四二％減少。目標を早々と達成した。

市長時代、中田氏は私にこう語ったことがある。「これまでと同じやり方をしていたらごみが増えるだけで、処理にかかる税金も増える。ごみが減ったら、焼却工場も減らせる。その分、費用が節約できる」。

中田氏が市長になったころ、市は栄工場の設備を更新する計画を進めていたが、市長の鶴の一声で廃止になった。ごみ分野に縁がなく、市民局の理事だった佐々木五郎氏が環境事業局長に選ばれ、リサイクルと職員の意識改革に乗り出し、リサイクルコストをどう圧縮するか知恵を絞った。佐々木さんは「分別の数が増えても収集回数が増えない収集の仕方になるように、合理化した。労働組合と交渉し、一台に三人の乗車体制を見直し、二人に変えた。職員には家庭への啓発活動など新しい役割を求め、やりがいを持って働いてもらうようにした。リサイクル施設は民間を活用し、競争入札でコストを下げた」と語る。

横浜市は、二〇一一年、新たに「ヨコハマ3R夢《スリム》プラン」を策定し、これまでのリサイクル重視から、リデュース（発生抑制）重視の政策を打ち出した。温暖化対策として、ごみ処理にともなう二酸化炭素の排出量を二〇〇九年度から二五年度までに五〇%以上、一四万トン削減する目標を掲げる。そのために、容器包装プラスチック、製品プラスチックの排出量を半分にし、焼却量も大幅に減らすとしている。

リサイクル率ワースト一の大阪市

図5は、政令指定都市の、一人一日当たりのごみ排出量とリサイクル率を比べたものだ。環境省のデータから抜き出したものだが、一人一日当たりのごみ排出量が最も少ないのが広島市。最も多いのは北九州市だ。

ただ、この数字は、家庭系のごみと、商店やビルから出る事業系のごみとの合計で、リサイクルされる資源ごみも含まれている。リサイクル率を見ると、千葉市が三二・三%と最も高く、新潟市、札幌市、名古屋市、横浜市と続く。大阪市は八・二%と最も低い。

大阪北港にある人工島、舞洲《まいしま》に、おとぎ話に出てきそうな舞洲工場がある。一二〇メートルの煙突のてっぺんには金色の冠。七階建ての建物の白地の壁面には赤や黒の模様が踊る。一日に九〇〇トンのごみを燃やすことができる。

二〇〇一年に完成した工場のデザインは、オーストリアの有名な芸術家、フリーデンスライ

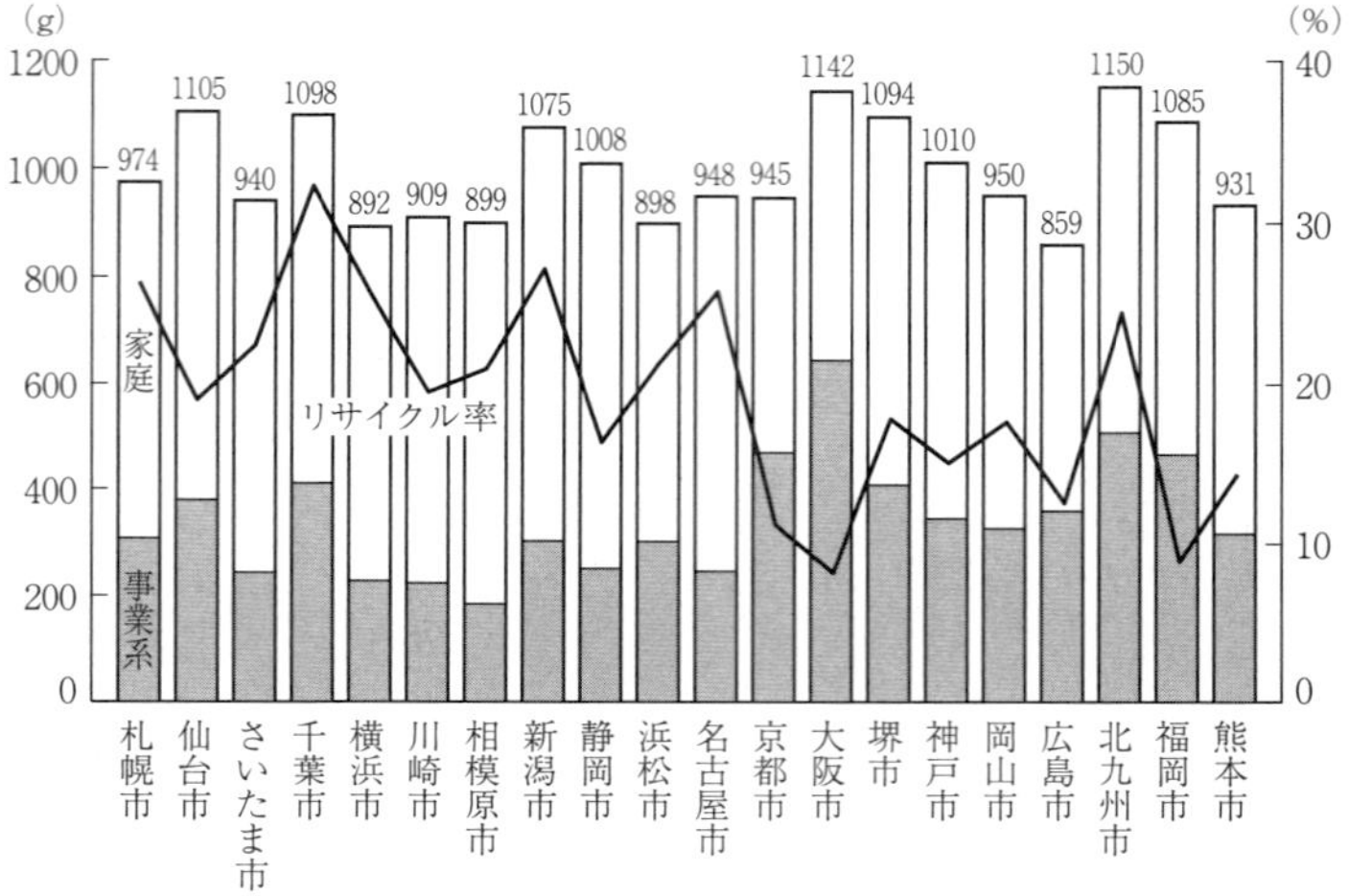

図5　政令指定都市の1人1日当たりのごみ排出量とリサイクル率（2013年度）

出典：環境省のデータをもとに作成.

ヒ・フンデルトバッサーが請け負った。総事業費六〇九億円のうち、デザインに六六〇〇万円かけた。焼却炉の建設費を一日の焼却能力トン数で割った一トン当たりの建設費は約三〇〇〇万円。二〇一〇年に竣工した東淀工場の二倍になる。まさに税金の無駄遣いの象徴だが、市は「市民が多数訪れ、観光名所になっている」（環境局）と弁解する。

その隣の人工島、夢洲には市の北港処分地（七三ヘクタール）があり、さらに西方には、「フェニックス」と呼ばれる、近畿二府四県一六八市町村のごみを受け入れる「大阪湾広域臨海環境整備センター」運営の埋立処分場もある。フェニックスには、大阪湾に四か所の処分場がある。広さは計約五〇〇ヘクタール。東京二三区同様、いくらでも持ち込むことのできる巨大な処分場が、ごみ減量の障害になっている。

大阪市の焼却工場は、舞洲工場を含め、七工場が稼働している。以前は九工場が稼働していたが、橋下徹市長になって、森之宮工場の建て替え計画が中止となり、二〇一三年に閉鎖された。翌一四年三月には大正工場も閉鎖になった。九工場の焼却能力は一日六一〇〇トン、年間だと一六四万トン(二七〇日稼働と計算)の能力があった。二〇一〇年度のごみ処理量一一五万トンの一・四倍以上になる。

一九九一年度には二一七万トンもあったごみの処理量は、景気の低迷で減り続け、二〇一三年度に一〇二万トンに下がった。大阪市も容器包装プラスチックの分別や集団回収に取り組んではいたが、実際にリサイクルに回る資源ごみは約九万トンと、横浜市や名古屋市の半分以下である。大阪市では、事業系の廃棄物が約六割と他の政令指定都市より多い。商店やビルなどから出たごみは一キロ九円の低価格で焼却工場に搬入されていた。

しかし、橋下徹市長のもと、市は二〇一三年三月にごみ処理の基本計画を見直し、二〇二五年までにごみ量を一〇%減の九〇万トンに減らす目標を掲げた。また事業系の紙ごみの焼却工場への持ち込みを禁止するなど、手を打ち始めた。なお、大阪市の焼却工場は、二〇一四年一一月に設立された大阪市・八尾市・松原市環境施設組合が、一五年四月から管理している。

競争入札から総合評価方式へ

全国の自治体でごみ処理施設建設の発注先を選定する方法を、これまでの競争入札から総合評価方式という新しい入札方法に変える動きが急だ。競争入札が価格だけで決まるのに対し、総合評価方式は、環境への配慮や技術などいくつかの要素を多面的に評価して点数化することで、メーカーの力量を正当に評価することができるという。

これは、一九九〇年代後半に起きたプラントメーカーによる談合事件がきっかけになっている。大手五社は、公正取引委員会から排除勧告や約二七〇億円もの課徴金の納付命令を受け、裁判などで争ったが完敗に終わった。かつては、各社がどの自治体の焼却施設を受注するか談合して決め、一〇〇%近い落札率（自治体があらかじめ示した予定価格に対する落札価格の比率）が相次いでいた。この事件のあと、落札率は大きく下がった。弁護士や市民で組織する「全国市民オンブズマン連絡会議」はメーカーの不当利益を自治体に返還させるため、住民訴訟を展開し、一三件の訴訟のうち一一件で勝訴して三〇〇億円を超える金額が自治体に返還された。

しかし、この裁判の中心になったかながわ市民オンブズマン代表幹事の大川隆司弁護士は、総合評価方式に疑問を投げかける。「総合評価方式は評価の基準が客観的でないので、事業者は発注側に近づき、意向を探ろうとする。結局、天下りや官製談合の温床になる心配がある。いったん下がった落札率が、この方式が広まることによって再度上昇するというおかしなことが起きている」。

さらに自治体では、建設だけでなく、その後の管理・運営まで一括してプラントメーカーに任せてしまう動きも広がっている。民間委託の流れの一環だが、ごみ処理関連会社の社長は私にこう明かす。「本体の工事ではあまり儲からなくなったので、プラントメーカーは管理・運営も受けて、それを関連会社に請け負わせて大儲けしている。『二〇年の運営で建設費の二倍儲けよう』がメーカーの合言葉になっている」。

灰溶融炉の整備義務づけ、税金とエネルギーを無駄遣い

埋立処分場の残余容量が逼迫《ひっぱく》したころ、国は、埋立量を減らすため、灰溶融施設《はいゆうようしせつ》の整備に熱を上げた。焼却灰を高温で溶かし、砂状のスラグにすると、容積が半分になり、ダイオキシンは分解され、重金属の含有量も減る。スラグは路盤材として売却できると考えた。

一九九七年から、自治体が焼却施設を建設する際、国から補助金(現・交付金)を受ける条件

に灰溶融施設の付設が義務づけられた。

一般社団法人日本産業機械工業会のエコスラグ利用普及委員会によると、二〇一一年度当時、全国に一二四施設があった。しかし、熱量のない焼却灰を溶かすには大量の電気やガス、灯油を必要とし、できた大量のスラグの売却先は見つからず、多くが埋立処分場に直行した。困った自治体は次々と運転をやめた。会計検査院の二〇一三年度の検査報告によると、二二都道府県一〇二の施設のうち、一年以上動いていなかった施設が一六あり、一七施設がスラグの大半を埋立処分にしたりしていた。東京二十三区清掃一部事務組合も、七つの灰溶融炉のうち五つを閉鎖し、年間八〇億円の経費が二〇億円に減った。環境省も灰溶融施設の付設を義務づけることをやめた。

こうした一方で、環境省は、九〇年代にダイオキシンの排出規制を強化した後は、焼却施設の環境規制に熱心とは言えなかった。煙突から出る水銀がそうだ。川や海の水に環境基準が設定され、工場廃水は厳しく規制されているが、大気には基準がなく、排出源の焼却施設は野放し状態がつづいている。

ドイツなどEUでは、水銀、鉛などの重金属の排出は規制され、測定が義務づけられている。環境省は、「大気中の濃度は低く、規制する必要がない」と言い続けてきた。

しかし、二〇一三年、それが一変した。熊本市で開かれた約一四〇か国の外交会議で、「水銀に関する水俣条約」が全会一致で採択され、水銀を含む体温計、電池などの製造・輸出入の禁止、主要な排出源への規制が義務づけられたのだ。

東京二十三区清掃一部事務組合は、自主的に規制値を設定し、清掃工場に連続測定装置を導入しているが、設置してからは、規制値を超えたため工場の作業が停止する事態がたびたび起きている。塚越浩技術課長は「蛍光灯一本に含まれる水銀は五ミリグラム。一度に何万本も投入しないと規制値を超える濃度にならないから、家庭ごみでなく、事業系のごみに紛れ込んだのだろう。でも、特定するのは極めてむずかしい」と話す。

条約への対応を迫られた環境省は、排出基準を設定し、焼却施設、製鉄所など五種類の排出施設に対して、測定を義務づけることになった。

また大気汚染防止法の改正案が二〇一五年の通常国会に提案され、条約発効後、二年以内に施行される。

ただ、測定して監視するといっても、東京二三区の組合のように連続測定をしない限り、排出実態はつかめない。だが、予算や人材確保に苦労する多くの自治体がそれに倣うのはむずかしく、環境省はダイオキシンの測定義務づけのように、年数回の測定ですまさざるを得ないと考えている。

それよりはむしろ、水銀廃棄物の混入を防ぐための「入り口」規制や移動の監視をどうするかのほうが課題となりそうだ。

2　産業廃棄物の不法投棄の歴史

青森・岩手県境事件では、廃棄物と汚染土が一五〇万トン

家庭や商店、ビルから出る一般廃棄物とは別に、工場など産業活動から出た廃棄物は産業廃棄物と呼ばれる。二〇一二年度の排出量は三億七九一四万トンと、家庭ごみなどの一般廃棄物の八倍以上になる。かつて、日本列島の各地で不法投棄が相次いだ。

東北新幹線の二戸駅から車で約三〇分。山道を走ると突然、視界が広がった。青森県田子町と岩手県二戸市にまたがる県境に、広大な「工事現場」が現れた。産業廃棄物（以下、産廃）を掘削した二七ヘクタールの跡地は、巨大なクレーターのようだ。「青森・岩手県境事件」と呼ばれる巨大産廃不法投棄事件の現場だ。

二〇一三年夏、両県が二〇〇四年から始めた産廃の撤去作業は、終了段階にあった。不法投棄された産廃と汚染土は、岩手県分が三五万トン、青森県分が一一五万トンの計一五〇万トン。内容は焼却灰、堆肥の不良品、食品ごみでつくったＲＤＦの不良品、廃油が入ったドラム缶な

どさまざまだ。重機で掘り出した後、石灰を混ぜて乾燥させ、選別施設で、一五センチ以上の廃棄物、金属混じりの廃棄物、プラスチックの多い廃棄物、土砂混じりの廃棄物、コンクリート殻などに分け、岩手県のセメント工場などで処理してもらっている。

岩手県廃棄物特別対策室の中村隆再生・整備課長は、「地下水の浄化処理は二〇一七年度まで続く。土地は県が差し押さえているが、整地後に一部を売却して、処理費用にあてたい」と話す。

青森県側にも選別施設があり、石灰を混ぜてそれらの粒径《りゅうけい》ごとに三分別した後、セメント工場などで処理している。水処理施設での浸出水の処理は二〇二一年度まで続く。

青森県側の一角にブナの苗が植栽されていた。環境の再生をめざす青森県が、有害廃棄物を取り除いた後を埋め戻し、植林して、汚染された土地に定着するかどうかの実験をしているのだ。県境再生対策室の神重則室長は「環境を復元し、貴重な財産として伝えていきたい」と語った。

青森県は、関係自治体や住民、専門家らによる「県境不法投棄現場原状回復対策推進協議会」を設置し、跡地の利用方法などを議論している。メンバーで、八戸農協女性部田子支部長の宇藤安貴子さんは「近くの公民館を、事件の資料館の役割も担えるようにしてほしい。撤去に使ったお金は県民の税金。もっと早く手を打てばこうはならなかったことを、県の職員は忘れないでほしい」と言う。

事件を起こした三栄化学工業が、県から産廃中間処理業の許可を得たのは一九九一年。リサイクル業を標榜《ひょうぼう》し、堆肥の製造施設を設置したが、燃え殻や産廃汚泥を混ぜた危険な堆肥が売れるはずもない。企業から引き受けた廃棄物は、密かに敷地内に埋められた。さらに一九九八年からは、埼玉県の縣南衛生が、生ごみなどでつくったものの販売できないRDFを持ち込んだ。

しかし、一九九八年暮れ、岩手県の職員が現地を視察し、大量の堆肥原料が野積みされているのを見つけたことから、岩手県警が内偵を開始。二〇〇〇年五月、三栄化学工業の会長と、縣南衛生の社長を廃棄物処理法違反(不法投棄)の容疑で逮捕した。二〇〇一年五月、盛岡地方裁判所は二人に有罪判決を下し、三栄化学工業、縣南衛生に罰金二〇〇〇万円を言い渡した。三栄化学工業の会長は判決後、保釈中に自殺し、公訴棄却に。三栄化学工業は解散し、縣南衛生は破産した。

法律を使った排出者責任の追及は空振りに

巨大不法投棄事件は、最初、住民から通報を受けても自治体の対応が遅れ、みるみる廃棄物の山が築かれ、最後には、業者は倒産、自治体が尻ぬぐいするパターンが定着している。自治体は、業者の代わりに税金で撤去したり、汚染が広がらないように覆土《ふくど》したりする。

この後始末のために、国は一〇年間の時限立法「特定産業廃棄物に起因する支障の除去等に関する特別措置法」(産廃特措法)を二〇〇三年に制定して、処理費の約半分を自治体に補助する仕組みをつくった。

制定後も、岐阜市の五〇万トンを超える不法投棄事件など、巨大不法投棄事件の発覚が続き、二〇一二年の法改正でさらに一〇年間の延長が決まった。青森・岩手県境事件は、二〇一四年三月に撤去が終了した。撤去などの費用として、青森県が約四七七億円、岩手県が約二三一億円の計約七〇八億円かかるという。

しかし巨額の税金で処理し、環境汚染の心配がなくなればいいのだろうか。責任は不法投棄の実行犯だけでなく、処理を委託した排出事業者にもあるのではないか。この事件では、この排出事業者の責任がクローズアップされた。

岩手県は、産廃業者が保管していた廃棄物の流れを記載したマニフェスト(管理票)を入手した。約一万二〇〇〇社にのぼる排出事業者を割り出し、青森県とともに、応分の撤去費用を求めたのである。私の手元に、環境省の関係者から入手した「取扱注意」のゴム印が押された排出事業者のリストがある。日本を代表する大手企業や大病院の名前が並ぶ。

両県は説明会を開き、撤去費用の拠出を求めたが、多くの企業は「自ら投棄したわけではない」「処理費を払っている」と、反論した。ある大学病院の担当者は、私に「適正な価格で産廃処理会社に委託した。落ち度もないのに、なぜ責任を問われるのか」と不満げに話した。それでも、二〇一五年六月までに岩手県に四九社が計五億七二五六万円、青森県に二四社が計四億九五〇〇万円支払った。だが、これは、撤去費用の二%にも満たない額である。

実は、二〇〇〇年に廃棄物処理法が改正された際、排出事業者の責任が強化された。処理業者に払う処理料金が安かったり、適正に処理されているか確認を怠ったりしていた場合には、排出事業者に不法投棄された廃棄物の撤去を命令できる条文が付け加えられたのである。岩手県は最初、これを根拠に撤去命令が出せないかと考えた。

だが、相談した県の顧問弁護士は「よほど大きな落ち度がない限り無理。排出事業者が、命令は無効として裁判に訴えれば、県が敗訴する可能性が高い」と答えたという。結局、委託した量に応じて自主的に撤去費用の拠出を求めることになった。県の担当者は「環境省は、裁判で勝てば実績ができると期待したが、冒険はできなかった」と打ち明ける。

排出者に責任を負わせる制度の源は、一九九一年の廃棄物処理法の法改正にさかのぼる。九一年、厚生省は、廃棄物処理法の改正作業に没頭していた。水道環境部の荻島國男計画課長は、適正価格で処理業者に処理を委託することを排出事業者に義務づけようとしていたが、産業界の抵抗で実現できずに終わった。当時、審議会の専門委員として法改正を訴えた元社団法人全国産業廃棄物連合会会長の鈴木勇吉さんは、「ごみが安きに流れることが、不法投棄や不適正処理を招く。排出者責任を徹底することが必要だと主張し、荻島さんと連帯したが、産業界の反発はすごかった」とふりかえる。

リサイクル偽装は香川県豊島で始まった

それでも、廃棄物処理法の改正で、不法投棄への罰則は強化された。そのきっかけになったのは、一九九〇年代の香川県豊島《てしま》の約五〇万トンに及ぶ巨大不法投棄事件だった。香川県土庄町《とのしょうちょう》の豊島は、約一四平方キロメートルに約八〇〇〇人が住む小さな島だ。

二〇〇三年から、汚染物と汚染土壌を西隣の直島に運び、三菱マテリアル直島製錬所の敷地にある県の溶融処理施設で処理が続いている。処理の過程で、さらに汚染土が見つかり、廃棄物と汚染土は、当初の六六万八〇〇〇トンから約九二万トンに膨れあがった。

国の産廃特措法の援助を受け、総事業費約五二〇億円をかけた処理事業は二〇一六年度で終了するが、地下水の浄化は続き、事業が完了するのは二二年度の予定だ。

撤去を実現させたのは、島民でつくる「廃棄物対策豊島住民会議」。香川県を相手に公害調停で粘り強く交渉した。一九九八年に新知事に就任した真鍋武紀氏のもとで、二〇〇〇年に調停は成立。直島での処理が決まった。

豊島事件は、その後の大規模事件の先駆けとなる象徴的な事件だった。後の事件と重なるのは、リサイクル製品をつくるとウソをついて、不法投棄したことだ。いわゆる「リサイクル偽装」である。

不法投棄した豊島総合観光開発の経営者は、製紙汚泥、食品汚泥、家畜の糞尿をミミズのエサにし、ミミズの吐き出したものを土壌改良材として販売していたが、ブームが過ぎ去ると、今度は車の破砕くずのシュレッダーダストやプラスチック製のロープなど、処理のむずかしい廃棄物に目をつけた。そして、県に「有価で買い取り、金属を回収する」と説明して処理を始めた。その後、煙害がひどくなり、住民の要請で開かれた集会で、県の担当者は「金属を回収しているから廃棄物ではない」と同社をかばったという。結局、有害廃棄物が県内の工場から豊島に持ち込まれているとの情報を得た兵庫県警が、九〇年に、廃棄物処理法違反容疑(不法投棄)で摘発するまで、不法投棄が続いた。

リサイクル偽装の背後に政治家の影

岐阜市では二〇〇四年に、七五万立方メートルの巨大不法投棄事件が発覚した。産業廃棄物の中間処理業者、善商は、コンクリート殻を破砕し、コンクリート製品にして販売していると、市に説明していた。しかし、実際は違った。ある廃棄物処理業者は、私にこう明かした。「善商の社長に呼ばれて現場に行くと、パワーショベルが、焼却灰とコンクリート殻をこね、敷地に掘った穴に埋めていた。社長から、『政治家がバックにいるから大丈夫や。何でも引き受けるで』と言われたが、違法なので取引を断った」。善商の社長はやがて廃棄物処理法違反容疑(不法投棄)で逮捕された。

この事件では、市は、ボーリングして大量のコンクリート殻や木くずを埋めていることを知って、善商に撤去命令を出そうとしたことがあった。ところが、県と警察は「生活環境に重大な影響が出ていないとできない」と反対し、断念させたという。当時、善商を立ち入り調査していた市の担当者は、私にこう明かした。「善商は有力県会議員に政治献金し、先代の社長は市会議員と親戚。上司に呼ばれ、『バッチ(政治家)がついているからさわらんほうがいい』と忠告された」。

二〇〇五年に発覚した大手の化学メーカー、石原産業(大阪市)による七二万トンの産廃不法投棄事件もリサイクル偽装だった。三重県の四日市工場から出る汚泥に、「フェロシルト」という名前をつけ、土地の造成で埋め戻しに使えるリサイクル製品として販売していた。

廃棄物の汚泥を埋立処分場に持ち込むと、一トン一万円近くする。それまで三重県の財団法人が運営する処分場に年間一〇万トン以上埋め立てていたから、約一〇億円節約できることになる。そのフェロシルトには有害な六価クロムとフッ素が含まれ、出荷段階の工場検査で、土壌の環境基準を大きく上回っていた。

しかし工場は、測定値を基準内と偽って出荷。さらに偽のデータを並べて申請し、三重県からリサイクル製品の認定を受け、お墨付きを得た。認定に際しては、最初認定を渋った県に対し、県会議員らが認定するように迫ったという。この事件では副工場長ら四人が廃棄物処理法違反容疑(不法投棄)で三重県警に逮捕され、副工場長は懲役二年の実刑、石原産業は五〇〇〇万円の罰金を払った。

規制緩和が不適正処理を誘発

「リサイクル偽装」が後を絶たないのは、制度の欠陥もある。産廃の処理には、処理を委託した段階、中間処理、そして最終処分と、廃棄物の流れをマニフェスト(管理票)で管理することが義務づけられている。ところが、中間処理の段階で、リサイクル原料に変わった瞬間、マニフェストによる管理は終了する。有価物として販売できれば、廃棄物にあたらないからだ。これを利用した業者が、最終処分の費用を浮かしたのが、これらのケースだった。

もちろん件数的には、深夜にこっそり山の中に投棄するという不法投棄事件が圧倒的に多いが、投棄量は小さい。

二〇一四年にも「リサイクル偽装」と呼んでもいい「事件」が起きた。大同特殊鋼の渋川工場(群馬県渋川市)が売却して道路の路盤材などに使われていた鉄鋼スラグから、土壌の環境基準を上回る六価クロムとフッ素が検出されたのだ。この鉄鋼スラグは渋川市内のほか、国の八ッ場ダムの造成工事にも使われ、基準を超えた所で撤去することになった。スラグは一トン数百円で売却しながら、相手先にそれ以上のお金を払う契約をしていたといわれる。

実際には工場の持ち出し分が多く、逆有償だから廃棄物とみなされる。しかし環境省は、鉄鋼スラグは、製造者が運賃を負担し、逆有償であってもリサイクル製品と認める通知を出して容認していた。「販売先が決まっているから、不適正処理の心配がない」（リサイクル推進室）というのだが、渋川工場はスラグが環境基準を超えていても、コンクリートと混ぜて濃度を薄めて基準以下になればよいと判断してスラグを出荷しており、違法行為の疑いがあった。リサイクルと廃棄物の境界線をあいまいにし、産業界から言われるままにおこなった規制緩和の負の側面を露呈することになったのである。

3　生ごみを資源として活かす

生ごみのリサイクルの歴史は古い

家庭ごみの三割から四割を占める生ごみの場合、燃やすと出るカロリーは一キロ当たり六〇〇から七〇〇キロカロリーと、プラスチックの一〇分の一以下だ。もし、生ごみを燃やさずにすむなら、焼却施設の燃焼効率はずいぶんよくなる。

京都大学環境科学センターの酒井伸一教授に、家庭ごみに占める生ごみの比率を四割、プラスチックを一割、紙を二割と仮定し、カロリー計算をしてもらったことがある。すると生ごみを含む家庭ごみの約二二〇〇キロカロリーに対し、生ごみを除いた可燃ごみは三二〇〇キロカロリー。家庭ごみから生ごみを除いたほうがカロリーが落ちず、効率よく燃やせることがわかる。しかし、ほとんどの生ごみが、焼却施設で燃やされている。酒井教授は「日本では公衆衛生の観点から焼却処理されてきたが、過去には、国や自治体が、燃やさずにリサイクルに熱心に取り組んだこともあった」と話す。

まず一九六〇年代、自治体が競うように堆肥をつくったことがあったが、品質のいい堆肥ができずに終わった。当時は国も堆肥化と焼却処理を両方進めたが、その後は焼却一辺倒に変わる。

オイルショックを機に、通産省は「スターダスト'80」計画（一九七四〜八二年）に取り組む。家庭ごみを機械選別し、生ごみはメタン発酵によるガス化と高速堆肥化施設で堆肥化、紙はパルプ化、プラスチックは熱分解してガス化、残渣は骨材化と、資源・エネルギーの回収とリサイクルをめざした。だが成果は得られず、頓挫《とんざ》した。

一九七五年、静岡県沼津市で可燃ごみと不燃ごみ、資源ごみの三分別が始まった。「混ぜればごみ、分ければ資源」のキャッチフレーズで知られる沼津方式は、多くの自治体に広がっていった。

しかし、技術によって資源・エネルギーを回収するという動きは途絶えてしまった。計画にかかわった神奈川県農業技術センターの藤原俊六郎副所長は「生ごみの有効利用も重要な課題だったが、機械選別では、生ごみに含まれた重金属やガラスなどの異物を完全に取り除くことができなかった」とふりかえる。

二〇〇〇年に入ると、国はバイオマス資源に目を向ける。

それまでは、市町村や市民団体などによる家庭や地域社会での堆肥化などの取り組みが地道に進められてはいたが、九〇年代後半から国のリサイクル法制定の動きが強まり、二〇〇〇年に食品リサイクル法が制定された。

二〇〇二年には、温暖化防止、循環型社会の形成、農村・漁村の活性化などをめざし、森林の間伐材などの未利用資源や食品廃棄物、畜産廃棄物などのバイオマス資源を活用する「バイオマス・ニッポン総合戦略」が閣議決定された。その後もバイオマスタウン構想、バイオマス産業都市構想が打ち出された。

二〇一一年には、「電気事業者による再生可能エネルギー電気の調達に関する特別措置法」が制定された。そして、翌年から再生可能エネルギーの固定価格買い取り制度(FIT)が導入され、生ごみなどのバイオマス資源は最高で一キロワット時当たり三九円(税抜)の高価格で買い取りが義務づけられることになった。

生ごみで「地域循環」

生ごみにもようやく光が当たり始めたように見えるが、実際はどうなのか。

二〇一〇年、山形新幹線の赤湯駅でフラワー長井線(山形鉄道)に乗り換えた。たった一両のディーゼル車が、山あいを走る。四〇分後に着いた長井駅の出口に「ようこそ緑と花の町長井へ」と書かれた手づくりの看板があった。隣には子どもたちの描いた絵が掲げられている。

山形県長井市は「レインボープラン」で知られる。市の中心部約五〇〇〇世帯と学校給食の生ごみを分別収集し、市のコンポストセンターで有機肥料(堆肥)をつくっている。農家や市民がそれを利用して野菜や米をつくり、再び市民が消費し、「地域循環」のお手本になっている。

コンポストセンターは、市の北東部、住宅が混じる農地の一角にあった。

中心市街地から出た年間約八〇〇トンの生ごみは、畜糞約四〇〇トン、もみ殻約二〇〇トンと混ぜて発酵させ、約四〇〇トンの堆肥がつくられている。生ごみと畜糞をためるピットが二つあり、もみ殻を混ぜて発酵槽に送る。一五日たってできた一次生成物は、保管庫で撹拌し、さらに二次発酵させる。生ごみには異物も含まれる。バケツをのぞくと、ナイフ、スプーンなどいろいろな金属類があった。

市民組織「レインボープラン推進協議会」の三代目会長で漆《うるし》塗り職人の江口忠博さんが言った。「異物の量は、生ごみ八〇〇トンのうち三〇キロ。これでも、他の同種の施設に比べると、すごく少ない。コミュニティーがしっかりしているからだと思う」。

堆肥は、農家が嫌う塩分が少なく、窒素一%、リン〇・五%、カリウム一・五%。できたての堆肥を手に取ると、もみ殻が多いので、かさかさで、臭いもない。一キロ二四〇円で販売している。

市民の力で生まれた

市長室で、内谷重治市長が抱負を語った。「環境基本計画にレインボープランのめざす地域循環の取り組みや精神を入れている。それぞれの立場の人たちが力を合わせ、ともに地域をよくしようという意識に変わった。このコンセプトを使い、土をよみがえらせる有機農業を進めたい」。

レインボープランが誕生したきっかけは、一九八八年の市の「まちづくりデザイン会議」。市の基本方向を市民に議論してもらうため、斎藤伊太郎市長がおこなった募集に九七人が集まり、報告書をまとめた。さらに熱心だった菅野芳秀さんら一八人が議論を続け、「自然と対話する農業」実現のため、有機肥料の地域自給（生ごみリサイクル）の考え方を打ち出した。

一九九二年、「現在と未来に希望の橋をかける虹に希望を託す」という願いを込め、「レインボープラン推進委員会」が設立された。市は農水省から補助金を得て、三億八〇〇〇万円かけて堆肥化施設（コンポストセンター）を建設、一九九七年から分別収集が始まった。

同時にこれを支えるために、「レインボープラン推進協議会」が生まれた。委員は公募制で、約五〇人。市民への広報など、市と協力しながら活動している。江口さんは「単なる生ごみのリサイクルではない。市民が主体となって資源循環に取り組み、まちづくりに生かすところに意味がある」と、その意義を強調する。

ただ、万事が順調なわけではない。堆肥の購入は兼業農家が主で、専業農家はなかなか利用しようとしない。農林課の蒲生雅之補佐は「生産量が少なすぎて、専業農家は使いづらい」と言う。栄養価が低く、農地の土壌改良剤として主に使われているところにも制約があるのかもしれない。

そこで推進協議会は、専業農家に使ってもらおうと、一〇アール当たり二トンの堆肥を使って育てた野菜は「特栽準用型」、一トン使った場合は「普及促進型」という二種類の認証制度をつくった(米、麦はその半分が基準)。「特栽準用型」の認証を得た農家は約三〇戸あり、栽培面積は二〇ヘクタール。できた野菜は「レインボープラン農作物」として、直売所やスーパーで販売されている。

また、推進協議会のメンバーで、二〇〇四年に「NPO法人レインボープラン市民農場」が設立され、約四〇人の会員が野菜づくりに励む。

その一人、元公務員の副理事長、洞口タエ子さんが働く農場を訪ねた。「土いじりが好きで、知人に誘われて、畑を借りて始めた。地域循環とか、大それた考えはありません」と、麦わら帽子をかぶった洞口さんは謙遜した。しかし、自然の恵みをたっぷり受けたキュウリやミニトマトは、ピカピカに光っている。

この動きに触発された市は、独自の認証制度づくりに乗り出した。生ごみからつくった堆肥だけでなく、牛や豚の糞、木の皮でつくった堆肥も、「レインボープランの里の認証農作物」とした。蒲生補佐は「レインボープランの趣旨をいかし、安心、安全な農産物を市外に提供するのが目的」と語る。供給量に制約のある生ごみ堆肥だけでなく、対象を広くして専業農家の利用をめざしている。

生ごみの収集は中心部にとどまるが、その理由として周辺部は自家処理が可能な農家が多いことのほか、コストとの関係もある。センターの運営に年間二〇〇〇万円、収集に一一五〇万円かかる。収集する生ごみ八〇〇トンで割った一トン当たりのコストは約四万円。「可燃ごみの焼却処理より割高だが、これで収まっているのは中心市街地に限定しているから。全域に広げたら、とてもこれではすまない」と市の担当者は言う。収集地域を限定してコストを抑える、市民参加による推進協議会が認証制度や市民直売所など消費者と農家をつなぐための創意工夫を重ねるといったことが、定着の秘訣のようだ。

同じように地域資源循環型の社会をめざし、試行錯誤する自治体も多い。

「堆肥化」から「減容化」に転換

二〇一〇年に訪ねた埼玉県の久喜宮代衛生組合(久喜市と宮代町で構成)のごみ処理施設は、東北本線の久喜駅から南に約二キロ先の水田地帯にあった。古い焼却施設の隣に、堆肥化施設「大地のめぐみ循環センター」がある。生ごみと剪定《せんてい》枝を混ぜて堆肥を製造しているというが、センターは閉まっていた。一時期だけ動かしているという。長井市と同じ年間八〇〇トンの生ごみが持ち込まれるが、製造される堆肥は約三〇トンしかない。実は大半の生ごみは、生ごみ処理をおこなう別の建物に運ばれていた。

その建物のなかで、ショベルローダーが、木材チップの山をかき混ぜていた。菌床と呼ばれ、チップに好気性発酵菌を散布したものだ。生ごみの入った袋や金属などの異物を除いた後、菌床に混ぜる。発酵の過程で量が減り、最後に水蒸気と二酸化炭素になる。「生ごみを補給し続けているので山はなくならないが、生ごみを九〇%以上減らすことができる。定期的に菌を補充してやればいいだけだから、手間もかからない」と、総務課減量推進係主事の高山幸人さんは話す。

　地方議員や市民グループの見学も多い。焼却をやめ、この方式への転換を唱える人もいる。組合も「堆肥をつくるより、費用が安くすむ」と言うが、ある専門家は「減容化のためだけなら、わざわざお金をかけて、可燃ごみから分けて収集する意味はない」と疑問視する。

　当初、組合が堆肥化に取り組んだきっかけは、一九九〇年代のダイオキシン問題だった。焼却炉の排気ガスから高濃度のダイオキシンが検出され、焼却炉の建て替えに住民の了解を得ることがむずかしくなった。そこで組合は、ダイオキシンの発生源の一つである塩化ビニールの焼却を中止して基準をクリアした。しかし、やがて老朽化で建て替え問題が再浮上。組合の新設炉検討委員会は、九八年、生ごみの全量堆肥化（一日三〇トンの生ごみから一〇トンの堆肥を製造）で可燃ごみを減らし、小型の焼却施設を設置するとの答申をまとめた。だが焼却炉の建て替えは、周辺住民の反対で延期された。既存の焼却施設も、住民との約束で二炉のうち一炉しか動かせない。

　そこで可燃ごみのうち、生ごみ分を減らすため堆肥化をさらに進めることになった。二〇〇三年、久喜駅周辺など一万世帯が住む地域で導入することにし、一日四・八トンの処理能力を持つ堆肥化施設（大地のめぐみ循環センター）を建設した。ところが施設はトラブル続きで、年間約二〇トンの堆肥しかつくれない。施設の建設費は五億六七〇〇万円、管理・運営費も年間八〇〇〇万円かかり、生ごみ一トンあたりの処理費は年間約一八万円と、「全量堆肥化どころではなくなった」(内田久則業務課課長補佐)。住民や議会から批判された組合は、菌を使った「減容方式」に着目、専用の菌を業者から購入し、二〇〇九年から処理を始めた。ただ、生ごみの収集に協力しているのは一万世帯のうち五六％と、かなり低い。

生ごみでつくった堆肥を使わない

水田の多い先の両市町に比べ、都市部では生ごみの堆肥化は実現化が厳しい。臭いの問題や、堆肥を使う農家の確保などのハードルがあるからだ。

名古屋市では二〇〇一年、千種区と南区の二〇〇〇世帯を対象にモデル事業を開始。その後、南区の七四〇〇世帯に拡大した。生ごみは市外の肥料工場に持ち込み、堆肥にした。

当初は、「うまくいったら数年後に全区で本格実施したい」(資源化推進室)と、担当者は私に抱負を語っていたが、二〇〇九年一月に終了した。担当者は「堆肥は需要がなく、コストも一トン当たり約一二万円と、焼却処理の二倍以上。収集に協力してくれた市民の負担も大きかった」と話す。

東京都府中市も、二〇〇三年、市内五か所のごみ収集ステーションに円筒形の金属容器を設置して、二〇〇世帯から生ごみを集めるモデル事業に取り組んだ。市の給食センターの食品廃棄物といっしょに、市の清掃事務所で一次コンポストにした後、埼玉県日高市の千成産業に運び、堆肥にしてもらっていた。同社を訪ねると、社長が言った。「堆肥に含まれる生ごみは全体の一五〜二〇%。のこりは牛糞と鶏糞、木の皮。品質のいいものをつくっているが、生ごみが混ざっていると、農家が嫌がるんだ」。

市は、ごみ収集業者に生ごみ処理を一キロ当たり五六・八円で委託。千成産業は、一次コンポストを一キロ当たり二・一円で買いとっていた。堆肥の値段は二〇キロで約五〇〇円と、化学肥料に比べはるかに安いが、成分を一定に保てないのが弱みだという。結局、名古屋市と同様、府中市のモデル事業は八年で終了した。

現在、南白糸台小学校に堆肥化装置を設置して、できた堆肥を近隣の農家が使い、つくった野菜を給食センターで調理する新たなモデル事業に取り組んでいる。しかし、これはあくまで「環境教育」が目的だ。

一般社団法人日本電機工業会によると、二〇一五年現在、全国の市町村の六割に家庭用生ごみ処理機の購入補助制度があり、一万〜五万円程度が多い。微生物で発酵させて有機肥料に利用できるバイオ式と、電気で乾燥させる乾燥式があり、臭いの問題が少ない乾燥式が主流になりつつある。しかし電気代が月一〇〇〇円かかったり、臭いが気になったりして、使用しなくなるケースも多いといわれる。

各家庭まかせなので、どの程度ごみ減量につながっているのかを自治体が把握できないところが弱みだ。

生ごみを粉砕して、下水道に流す「ディスポーザー」は新築マンションを中心に広がりつつある。便利だが、故障の原因になる貝殻や骨は流せず、有機物が下水道の処理施設に負担をかけるため多くの自治体はユーザーに処理槽の設置を義務づけている。これら「ディスポーザー」の課題が解決されれば生ごみの粉砕物は貴重な資源となり、下水道の処理施設が生ごみからバイオガスを取り出すリサイクル施設に生まれ変わるかもしれない。

実験成功なのにバイオガス化をやめて、全量焼却に転換

菌を使って有機物をメタン発酵させ、バイオガスを発電などに利用する技術は早くからあった。自治体や事業者でつくるバイオガス事業推進協議会などによると、農村での家畜の糞尿を利用した小規模施設、自治体での下水道施設の汚泥を使った施設など、全国で約六〇〇施設あ

る。しかし、ドイツでは二〇一一年現在、約七〇〇〇施設あり、日本はEUの主要国に比べると一桁少ない。生ごみを使ったバイオガス発電は、環境省(二〇〇〇年までは厚生省)が焼却偏重の政策をとり続けたことから、ほとんど普及しなかった。

だが固定価格での買い取り制度(FIT)ができて、状況が変わった。環境省は二〇一四年から、自治体によるバイオガス化施設の建設費の二分の一の額の交付金を出すようになった。これまで「実績が乏しい」と言っていたのが、「大規模施設なら高効率のごみ発電、規模が比較的小さければバイオガス化を推奨したい」(廃棄物対策課)と、一八〇度、評価が変わったのである。

一方、ドイツなどヨーロッパでは、九〇年代から、生ごみを可燃ごみとして集め、機械で選別し、有機物をバイオガス化する施設が普及している(本章の4参照)。ドイツでは二〇〇六年時点で、五二施設が稼働している。この方式だと、生ごみだけを分別して収集する必要がなく、家庭ごみの収集回数を増やさずにすむ。

立ち後れの目立つ日本で、神奈川県横須賀市が、機械選別によるバイオガス化施設をめざした。市と住友重機械工業は、二〇〇二年、市内に実験プラントをつくり、可燃ごみから生ごみを機械で選別して、バイオガスでごみ収集車を走らせる実験をくりかえした。四年後、実験が終わると、バイオガス化と焼却を組み合わせた処理のほうが全量焼却処理より建設費で一三億円、ランニングコストで年六〇〇〇万円、いずれも安くなり、二酸化炭素の削減量も六〇〇〇トン以上多いとする報告書をまとめた。

二〇〇六年、実験プラントを訪ねたところ、そのプラント担当の住友重機械工業の技術者が言った。「安定してバイオガスが取り出せ、機械選別のめどもついた。あとは市が採用を決断するだけです」。市の担当者も意欲を見せて言った。「他の自治体に誇れるような施設を実現したい」。

ところが、その後、状況が変わった。住友重機械工業が公共事業からの撤退を決めたのだ。実験プラントで蓄積した技術は他社に無償で提供すると申し出たが、それを機に市議会の保守系市議らが異議を唱え出した。そしてこの問題を検討する特別委員会が設置され、二〇一〇年三月、バイオガス化をやめ、全量焼却施設を含めた別の方式への変更を求める報告書が市長に提出された。

横須賀市は、検討委員会を設置し、二つの方式を比較することにした。メンバーは、横田勇静岡県立大学名誉教授(委員長)、寺嶋均・全国都市清掃会議技術顧問、川本克也・国立環境研究所・資源化・処理処分技術研究室室長、藤吉秀昭・日本環境衛生センター常務理事ら五人。

横田氏は元厚生官僚、寺嶋氏は元東京都清掃局幹部、川本氏はプラントメーカーの元技術者、藤吉氏は環境省の外郭団体の幹部である。委員の多くは焼却炉の専門家だが、バイオガスには必ずしも明るくない。

委員会は、「経済性」「運転の安定性」「環境への配慮」「資源循環」など六項目を点数化し、市が採用すべきごみ処理方式として、バイオガス化方式と全量焼却方式のどちらが優れているか投票した。その結果、バイオガス化施設と焼却施設を併設した方式が一四点に対し、全量焼却方式は四八点と大差がついた。

しかし、その内容を見ると疑問がわく。「運転の安全性」が他の四項目の四倍も多く加点され、二酸化炭素の排出量が少ないなど、バイオガス化が有利とされる「環境への配慮」や「資源循環」の得点でも、全量焼却のほうが得点が高い。ある市議は「議会の特別委員会から全量焼却だと迫られ、市はいいなりだった。検討委員会の設置はお墨付きを得るためで、最初から結果が決まっていたようなものだ」と言った。

ちょうどこの時期、ＦＩＴが導入される可能性が高まり、バイオガスは高値での買い取りが見込まれていた。ごみ処理方式の選択に大きな影響を与えるはずなのだが、委員会では話題にすらされなかったのである。

日本初の機械選別によるバイオガス化施設が産声をあげた

それから三年。二〇一三年四月、日本初の機械選別によるバイオガス化施設が、兵庫県で誕生した。

兵庫県朝来《あさご》市と養父《やぶ》市は、兵庫県の内陸部に位置する。二〇一三年四月、両市がつくる南但《なんたん》広域行政事務組合の、バイオガス化施設と焼却施設を組み合わせた南但クリーンセンターが完成した。

高台にある施設を訪ねると目に飛び込んできたのが、円筒形のメタン発酵槽。横に寝かせた格好で、直径六・四メートル、長さ三二メートル。容量は約一〇〇〇立方メートルある。水を加えてどろどろに溶かした生ごみと紙ごみを投入、二〇日間菌で発酵させるとガスができる。生ごみ特有の臭いはない。北垣瑛章《てるあき》主事は、「清掃車がごみピットに入る際、エアカーテンで臭いが外に漏れないよう気をつけている」と話す。見学者は一年で二〇〇〇人を超える。

ごみ袋に入った可燃ごみは、ピットに投入される。そしてそのごみ袋を破り、円筒形の破砕選別装置に送る。円筒の中でハンマーを回転させ、ごみを潰し、小さくちぎる。生ごみと紙は裁断されてスクリーンの穴から落ちる。さらに選別ごみミキサーで水を混ぜてメタン発酵槽へ。

発生したガスは、ガス発電機で発電する。

プラスチックなどの選別残渣《ざんさ》は焼却炉で燃やして、熱を回収。蒸気や温水は場内で利用する。生ごみを利用したメタン発酵設備は全国に四九か所あるが、機械選別はここだけだ。センターの高岡好和環境課長は「生ごみだけを分別して運ぶより、機械選別したほうが、住民に負担を負わせなくてすむし、分別費用の節約にもなる」と語る。

だが、機械でどの程度、分別できるのか。プラントはタクマが請け負ったが、破砕選別装置は長野県の鉄工所が開発、製造し、事前に同社に家庭ごみのサンプルを送り、ごみの種類ごとに破砕選別装置からどの程度、発酵槽に送られるか実験した。その結果、生ごみ類が一〇〇%、紙類が六五%、ビニール類が二〇%、布類が一五%、それぞれ分別できた。高岡課長は「ビニールや布が発酵槽に入っても悪影響はない。残った残渣は隣に設置した焼却炉で燃やす。紙類を混ぜることで、生ごみだけに比べ、発電効率は大幅に高まる」と話す。

両市の計五万七〇〇〇の人口に合わせ、施設の受け入れ容量は一日三六トン、焼却炉の処理能力も一日四三トンと小規模だが、ガス化の発電効率は一八%と、ごみ焼却発電の全国平均の一〇%よりかなり高い。

ＦＩＴを使った年間の売電量は、発電量の約八割に相当する約一八〇〇メガワット時。一般家庭の五〇〇軒分に当たり、七〇〇〇万円の収益があるという。焼却炉は規模が小さいので発電はできないが、熱回収し、温水を場内で使っているという。

全量焼却と比較し、バイオガス化に軍配が

順調そうに見えるが、この方式に落ち着くまで長い時間がかかった。かつて厚生省の指導で兵庫県が一九九九年につくったごみ処理広域化計画では、当時、八町あった南但地域は、可燃ごみでＲＤＦを製造する施設を設置するとされていた。

南但地域八町は南但ごみ処理広域化推進協議会を設置し、老朽化した焼却施設の次にどんな処理方式にするのか検討を始めた。二〇〇三年には、「ＲＤＦ化」、「ＲＤＦ＋炭化または直接炭化」（炭化は、低酸素または無酸素状態で有機物を熱分解し、炭化物などを生成する）、「ストーカー焼却＋灰溶融」（ストーカー炉は、金属の棒を組み合わせた火格子を動かし、その上でごみを燃やす。灰溶融は、ストーカー炉でできた灰を高温で溶かし、スラグにする）、「ガス化溶融」（ごみを熱分解し可燃性のガスなどを生成、ごみの中の灰分を溶融してスラグにする）の四方式を比較し、ＲＤＦ化と炭化は採用しないことを決めた。

ＲＤＦは熱を加えて固形燃料に、炭化は残渣を土壌改良材に使えるというのが、県のふれこ

みだった。しかし調べてみると、受け入れ先を見つけるあてがないことがわかったのである。その後、専門家を入れた整備委員会(技術審議会)を設置し、「焼却＋灰溶融」と「ガス化溶融」三方式の四つを、「コスト」「技術」「環境・リサイクル」の三項目で比べた。

結果は、「コスト」が安く、「技術」が安定しているとして、「焼却＋灰溶融」に軍配が優位になった。だが、「焼却＋廃溶融」は、大量のエネルギーを消費し、二酸化炭素の排出量が多い。委員だった浦辺真郎福岡大学客員教授が「バイオマスのガス化も加えて、もう一度検討したらどうか」と助言した。当時、京都市がプラントメーカーと機械選別によるバイオガス化の実証実験に取り組み、研究者や自治体の関心を集めていたからだ。

二〇〇四年一一月の整備委員会で点数をつけて比べたところ、「バイオマス＋焼却」は一一四点、「焼却＋灰溶融」は一〇〇点と、バイオマスが上回った。この結果は南但広域行政協議会(市町長会)に報告されたが、一部から「前例がなく、不安がある」との意見が出て、採用決定はいったん保留になった。しかし二〇〇六年八月、委員会で再び評価し直した結果、一一六点対一一二点と、再びバイオマスが上回り、最終決定された。

場所は、旧八町から一か所ずつ八か所を、自然環境、造成費などの項目ごとに点数化し、現在の朝来市和田山町の場所に決めた。そして組合が設立され、二〇〇九年、周辺地区の区長らを中心とする「南但ごみ処理施設整備等周辺地区連絡協議会」を設置して住民と協議を重ねた。

養父市大塚地区の区長で、協議会会長の岩本利幸さんは「『安全』は当然だが、『安心』をどうつくれるかだった」と話す。組合は煙突から出るダイオキシンや窒素酸化物については、国の排出基準よりも大幅に厳しくした自主規制値を設定し、住民の安心感を得られるよう配慮した。住民たちも他の自治体で導入されたバイオガス化施設を見て回った。岩本さんは「組合に『バイオガス化は環境にいい』と言われても、知識がないので不安がある。施設を見学したり、専門家を招いて勉強会を開いたりした。組合には、測定地点や測定回数を増やすなど、安心できる条件づくりを求めた」と言う。

二〇一三年二月、組合は、大蔵地区の区長会と糸井地区の区長会との間で環境保全協定を交わし、使用期間を二五年間として「南但ごみ処理施設監視委員会」を設置した。三か月に一回、住民約一五人が施設に入って、環境データの報告を受けたりしている。委員の一人は「住民が監視し、事故やトラブルがあったらすぐに報告を受ける仕組みにした。信頼関係も深まる」と話している。

エネルギー問題を視野に入れたバイオガス化施設

二〇一三年七月に稼働した新潟県長岡市のバイオガス化施設は、信濃川のそばにあった。この環境衛生センターには、既存の焼却施設の隣に生ごみを発酵させる二つの発酵槽と、ガスを貯留するガスホルダーが設置されている。

二〇〇五年から市の内部で検討を始め、二〇〇六年にまとめたごみ処理基本計画に、生ごみのガス化、発電の事業を開始することを明記した。民間の資金や経営、管理能力を活用するPFI方式を採用することが決まり、JFEエンジニアリングなど五社の出資で設立された長岡バイオキューブが設計・建設をおこない、一五年間管理・運営することになった（建設費は一九億円、管理・運営費は二八億円）。

一日当たり六五トンの処理能力があり、一万二三〇〇キロワット時の発電量が得られる。処理がやっかいな発酵残渣の廃液は、隣にある市の下水処理場で処理してもらっている。

生ごみの収集は週二回、可燃ごみは週一回としているが、夏場の衛生面などを考慮して週一回の可燃ごみに生ごみを含めてもいいとした。現状では六五トン（家庭系が四〇トン、事業系が二五トン）の受け入れ予定に比べて、約三割少ない。

三川俊克環境施設課長は「とくに事業系は半分ほどにとどまっている。処理施設への受け入れ料金を燃えるごみより一キロあたり四円安くしているが、分別後の生ごみの保管場所を確保するのがむずかしいといった課題があるのかもしれない」と語る。

それでも、ＦＩＴを利用し、二〇一四年七月から東北電力に売電を開始した。見学者は竣工以来、引きも切らず、二〇一五年一月までに六〇〇〇人を超えた。森民夫市長は「低炭素社会の構築と再生可能エネルギーの利用を進めるため、生ごみのバイオガス化施設をつくった。導入自治体がほとんどないなか、今後の可燃ごみの減量とエネルギー政策のモデルになる」と話す。

これらの施設は、まだ点にすぎないが、この流れはやがて線となり、面となって、焼却一辺倒できた日本のごみ処理の歴史と地図を、大きく塗り変えそうな予感がする。

4　複数の選択肢を持つ合理主義のドイツ

容器包装ごみは無料、その他の家庭ごみは有料

環境先進国と言われるドイツに対する日本人の評価は高い。原発事故を起こした日本がもたもたしているのに、脱原発をめざして再生可能エネルギーの普及に取り組み、発電量の四分の一をまかなう。

リサイクルもそうだ。世界に先駆けて容器包装ごみの回収・リサイクルを製造者に負わせる「拡大生産者責任」を導入し、高いリサイクル率を誇っている。ごみにしない分別もすばらしい——。

ドイツでは、道路脇や集合住宅の前に色違いのコンテナ(ごみ箱)が置かれ、色で分別している。たとえば、黄色は容器包装プラスチック、青色は段ボールと古紙、グレーは可燃ごみといった具合だ。

二〇〇六年、首都ベルリンの郊外、集合住宅が集まる地区を歩いた。集合住宅の外に黄色の

コンテナがあった。だが、黄色のコンテナをのぞくと、生ごみの入った紙袋をはじめ、異物がかなり多い。分別の程度は日本が数段上である。

ハノーバー市の住宅地を見た。黄色のコンテナの代わりに無料の黄色の袋（ゲルベザック）が家の前に出してある。高校教師のハイデマリー・ダンさんが言った。「ゲルベザックはただで回収してくれるから、いろんなごみを混ぜて出す人がいる。容器包装以外の家庭ごみは、コンテナに入れる排出量によって市に料金を払う仕組みだから、無料のゲルベザックにごみを入れてしまうのよ。もちろん私はきちんと出してる」。ダンさんはコンテナも利用している。

息子と二人暮らしのダンさんが住むマンションでは、市が、生ごみは二週間に一回、生ごみと容器包装以外の家庭ごみは週に一回、容器包装は週に一回収集している。家庭ごみは生ごみと分けて、それぞれコンテナの大きさで市役所と契約し、ダンさん一家は年に二六五ユーロ（一ユーロは約一三五円）払っている。

別のマンションに住むシュラハン・クーンさんは、家庭ごみを二週間に一回、収集してもらっている。「僕は一人暮らしなので、ごみをあまり出さない。だから、料金が安い二週間に一回のコンテナを選んだんだ」と言う。

ハノーバー市郊外のゼルチェ町に住むアンドレアス・シュチュッカーさんとロースビーター

さん夫妻は「空き瓶だけがコンテナ。それ以外は、色別に分けた有料の黒いポリ袋に入れて出している。二〇リットル大、一〇枚で七ユーロほどするから家庭ごみをゲルベザックに入れる人はいるよ。やっちゃいけないんだけど」。

ドイツでは一九八〇年代後半、容器包装をリサイクルする仕組みづくりに乗り出し、九一年に法制化された。素材ごとに容器メーカーや中身メーカーのライセンス料（グリューネ・プンクト＝緑の点）を定め、出荷量に応じて、業界で組織するDSD社など数社に負担金を払っている。その負担金で、委託された業者が、収集からリサイクルまでを担う。DSD社のライセンス料はプラスチック容器が一トン当たり一七ユーロ、アルミ缶が一三ユーロ、ガラス瓶が一ユーロ、紙が三ユーロとなっている（二〇一三年現在）。リサイクル業界の競争原理が働いて、いずれも当初に比べて大幅に低下している。

高性能の自動選別機が威力を発揮

ベルリン市にあるサンメルト社の選別施設を訪ねた。同社は、大手のアルバ社の傘下にあり、もともとはベルリン市が設立した第三セクターの会社だった。DSD社の委託を受け、容器プラスチックの選別・圧縮・保管をしている。

ゲルベザックにはずいぶんと異物が入っているが大丈夫なのかと尋ねると、ベアベル・ネーテア広報部長が言った。「家の前にゲルベザックで出す場合は、半透明だし、隣の目があるので異物の混入率は五～八％にすぎません。でも都心部では、コミュニティー文化の違いか、同じゲルベザックを使っても三〇～四五％を異物が占めます。だから、収集した容器のうち二五％は家庭ごみが入っていると仮定し、その分の費用を自治体に払ってもらっています」。

異物の高い混入率は最初から折り込み済みで、それをクリアするのが、高性能の赤外線による光学式自動選別装置だ。

容器包装プラスチックから磁石で金属を除き、ラインに流す。作業員が異物をとる前処理をおこなった後、別のラインに流す。設置された選別装置の前を流れると、「ヒュッ」という音とともに回収される。そして光の波長の差を利用してプラスチックごみをPP（ポリプロピレン）、PS（ポリスチレン）、PET（ポリエチレンテレフタレート）、PE（ポリエチレン）、ミックス（複合素材）の五種類に選別している。

その後は、素材別に圧縮し、再生業者に販売している。同社は自動選別装置を一三基備えていた。九〇年代にDSD社などが技術開発し、普及が進んだという。

素材ごとに分けることで、再生業者に高い値段で販売できる。そして購入した再生業者は、単一素材のペレットで高品質の製品をつくることができる。

自動選別装置の普及が進まず、単一素材に分けることがむずかしい日本では、いくつかの素材が混合されたペレットが安価で流通している。家庭での分別に限界があると考え、技術開発を進め、機械選別をやってのけるドイツと、家庭での細かい分別に頼る日本とでは、考え方に大きな違いがあるようだ。日本の家庭による排出段階の品目ごとの分別は、それなりの効果があるが、その分類は市町村によってばらばらだ。さらに可燃ごみには紙、プラスチック、金属などさまざまなものが混入しているが、焼却施設に持ち込み、選別して資源ごみを取り出すこともなく、すべて燃やしてしまっている。

このサンメルト社では、集めた容器包装プラスチックのうち、実際に材料リサイクルに利用できるのは六割。単一素材に分けられない複合素材の容器包装など残りの四割は、セメント工場でセメントの原料になったり、製鉄所で石炭の代替として高炉還元剤に使われたりしているという。

サンメルト社が大規模な機械化を導入した要因の一つに、競争の激化でDSD社からの委託単価が下がったことがあった。「一〇五人いた作業員を半分に減らし、選別装置を増やした。ただ、選別施設で働く運転手や選別する作業員の多くはトルコ人などの移民や旧東ドイツの住民。彼らは、自由競争のしわ寄せを受けている」とネーテアさんは顔を曇らせた。ドイツが誇る高いリサイクル率は、低賃金で、社会的に差別される人々が担っていたのである。

ペットボトルや古紙は中国に輸出

ドイツは、年間のごみ排出量のうち四六％を資源ごみとしてリサイクルしている（堆肥を含めると六二％）。だが、国内循環に徹しているわけではない。

ハンブルク市に本社がある大手リサイクル業者のクリーンアウェイ社を訪ねた。DSD社のライバルのランドベル社から委託を受け、容器包装ごみの選別をしている。国内の処理施設全体での従業員は約三〇〇〇人で、ハンブルクの施設には一五〇人が働く。容器包装プラスチックだけでも年間四万トンをさばいている。

選別工場にペットボトルの山があった。行き先を尋ねると、レイナー・ハルトマン企画部長が言った。「集めたペットの九〇％は、中国に輸出している。残りの一〇％は国内向け。『何とか融通してほしい』と業者に頼まれ、取引をしている。中国に輸出するのは、高く買ってくれるから。国内で一トン当たり一一〇ユーロでしか売れないのが、中国なら一五〇ユーロにもなる」。同社だけで年間三万トン輸出しているという。

ペットボトル以外の容器包装プラスチックも単一素材に選別した後、もっぱら中国に輸出する。PSは一トン当たり一〇〇～一二〇ユーロ。PPは六〇～八〇ユーロ。古紙は、中国だけでなくインドにも輸出している。

ドイツでは、回収した容器包装の六〇％以上を再生し、そのうちさらに六〇％以上を材料リサイクルすることが義務づけられている。残りは、化学リサイクルやRPFなどによるエネルギーを回収するシステムでおこなっている。

二〇一〇年には、回収された容器包装一六〇〇万トンのうち七一・五％が材料リサイクルされた。リカバリー率(熱回収まで含めた回収率)は九五・七％。容器包装プラスチックに限ると、二六九万トンのうち一二一万トンが、材料リサイクルされているという。

ごみを燃やしても熱回収率は抜群

「環境先進国のドイツはごみを燃やさない」。そう信じている人は多い。

ハンブルク市にあるMVB社の焼却工場を訪ねた。

一九九四年にハンブルク市と周辺自治体から委託され、四八〇トン炉を二基備えた焼却施設を稼働させ、年間三〇万トン以上のごみを燃やしている。委託料金は一トン当たり一〇〇ユーロと、日本に比べて格安だ。市と契約し、焼却施設を稼働させている会社は他にも二社あり、MVB社を含め、三社を親会社が束ねている。

MVB社のディルク・シーゲル企画部長は「容器包装のリサイクルはお金がかかりすぎる。この施設なら安い費用で大きなエネルギーを得ることができる」と語る。

一九九〇年代に周辺地域に熱供給できるようパイプ網を整備して熱回収率は六七%。設備を見たが、熱回収施設は焼却炉の何倍もの大きさだ。燃やしてできた焼却灰は道路の路盤材などに使う。建設費は、一億一八〇〇万ユーロ。一トン当たりの単価を日本円にすると約一六〇〇万円と、日本の半分程度の安さだ。同社はさらに、廃木材などバイオマス廃棄物の発電施設と熱供給施設も備えている。

ドイツではこれまで、家庭ごみの多くが埋立処分場に埋められてきた。しかし、処分場の逼《ひっ》迫《ぱく》と、埋めた有機性のごみから発生するメタンガスの有害性から、政府は一九九五年、一〇年の猶予期間をつけて埋め立て禁止を決めた。そのため一〇年後どうするか、自治体は頭を痛めた。

ベルリンに次ぐ大都市で、人口約一八〇〇万人のハンブルク市は、一九八〇年代から埋立処分場の確保に苦労してきた。一九八九年、この問題を議論した議会では、キリスト教民主同盟が

「焼却施設をつくれ」、緑の党と社会民主党は「焼却量を減らせ」と意見がわれた。だが、埋め立ては環境によくないという点では一致した。

市は市外で計画を進めていた新たな埋立処分場の建設を撤回して、焼却処理に頼る政策を選択した。そして一五〇か所の候補地を公開して説明会を重ね、四か所に絞り込み、住民の理解を得ると、MVB社などの民間会社に建設と運営を任せた。

同時に古紙などのリサイクルも進め、リサイクル量は約九〇万トンと、焼却量の約六〇万トンを上回る。燃やす量が圧倒的に多い日本とは大違いだ。

ハンブルク市のカール・ヒベルン都市・廃棄物部長が、ある文書を見せてくれた。

家庭ごみの品目ごとの処理コストが試算されている。収集と焼却は、一トン当たり三〇〇ユーロ。容器包装は八八五ユーロ。生ごみの堆肥は三五五ユーロ。古紙は三八〜六〇ユーロ。乾電池は一一四〇ユーロ。ペンキなどの有害ごみは二五〇〇ユーロ。「どの品目もリサイクルするのが理想だが、コストとのかねあいもある。燃やすことに批判的な市民はいるが、費用と資源回収の両方を見ながらバランスをとってやるしかない」。

EUの統計や欧州廃棄物・エネルギープラント連盟(CEWEP)などによると、二〇一二年、ドイツには八〇の焼却施設があり、二〇一三年には四九七八万トンの都市ごみのうち三分の一に当たる一七五六万トンが焼却処理された。一八〇〇万トンを超える処理能力は過去約一〇年間で約二倍に増えたという。焼却量は、日本の半分程度だが、個々の施設の規模が大きく、発電と熱回収を合わせたエネルギー回収率は四〇％を超える。工場や住宅の集まる地域に立地し、温水や蒸気などを熱供給し、エネルギーの供給基地になっている。

日本は小さな焼却施設が多くて一一七二施設にもなるが、発電設備を持つ施設はその三割弱にすぎない。しかも人里離れた場所に立地することが多いので地域に熱供給しているケースは極めて少なく、エネルギー回収率はドイツと比較にならないほど低い。

埋め立てを禁止された生ごみはバイオガスに

一方で、焼却施設に頼らない選択をとった自治体もある。

北ドイツのハノーバー市もその一つ。市郊外にある埋立処分場の跡地の隣に、純白の建物と青色のタンクが三棟見える。市とハノーバー郡の計二一市町でつくる広域事業体が設立したａｈａ社が管理する機械生物処理施設（ＭＢＡ、ＭＢＴともいう）だ。ここに搬入された一一〇万人分の家庭ごみは、金属やプラスチックなどを機械選別した後、生ごみなどの有機物を発酵槽で発酵させる。発生したメタンガスで発電し、残渣は隣にある民間の焼却施設で燃やしている。

ここでは年間一二万トンの家庭ごみを処理することができる。また隣には焼却施設と並んで堆肥化施設もあり、三〇万トンあった埋立量を七万トンに減らすことができる。二〇〇五年から稼働している。

ハノーバー市議会でも、「環境汚染の心配がある焼却に頼るべきではない」と主張する与党の社会民主党、緑の党と、「焼却施設は安全」というキリスト教民主同盟が意見を闘わせてきた。その結果、MBAと焼却施設の建設コストを比較するとMBAのほうが安くなった。市議会と郡議会は、環境負荷が小さく、建設費が安いことから、MBAに軍配を上げたのである。

aha社のフランシスカ・ザニテア広報部長は「これまでは全国一の広さの処分場に埋めてきたが、禁止になり、処理方式の選択を求められた。住民の選択は、『大きな焼却施設はいらない』だった。大きな焼却施設をつくってしまえば、ごみがないと困る生活になってしまう。メタン発酵のMBAなら、併設する焼却施設は小さくできるし、堆肥化も可能。環境への負荷が小さいところがいい」と話す。

MBAを採択する自治体も増え、二〇〇六年時点で五二施設が稼働しており、その後も増えているという。日本のような焼却一辺倒ではなく、選択は自治体に任されている。

ハノーバー市の環境市民団体、BIU代表のラルフ・シュトラッハーさんは言う。「焼却施設でごみを燃やすのは安易な選択だ。ごみを減らそうという気持ちがなくなってしまう。それに比べて、MBAは二酸化炭素を出さない。環境負荷が小さいし、フレキシブルに対応できるところがいい。今回の計画では焼却施設は併設しないよう主張したが、通らなかったのが残念だ」。

デポジット効果は疑問、使い捨て容器が増加

ハノーバー市の中心街にあるスーパーマーケットを訪ねた。ハノーバー・ラッシュフラッツ店は、大手スーパーのカウフランドが持つ五〇〇店舗の一つだ。

売り場の奥に飲料容器の投入機があり、客が空のペットボトルや瓶を入れて、出てくるレシートと引き換えにレジでお金を受け取る。ドイツの小売店では清涼飲料水などを買う際に預かり金を払い、後で空き瓶を持っていくと返金されるデポジット制が導入されている。ワンウェイ(使い捨て)容器の預かり金は二五セント(一セントは約一・三円)。それに比べて何回も使うリユース容器は一五セントと、差をつけてある。リユース容器の利用を増やすのが狙いだ。

しかし、売り場に並んでいる清涼飲料水やミネラルウォーターは、圧倒的にワンウェイ容器が多い。

なぜか。ディルク・リースナー店長は言う。「ワンウェイ容器のほうが安いからですよ。アイランド方式といって、大手スーパーは容器の仕様を統一し、ビールや清涼飲料水を売っています」。使い捨ての一・五リットルのミネラルウォーターは本体が五五セント、デポジット料金二五セントを足すと計八〇セントする。一方、一リットルのリユース瓶は五三セントと一五セントで計六八セント。一リットル当たりなら、使い捨て容器が断然安い。

このリユース瓶を守るためのデポジット制は、いまも継続されている。ビールについては約八割がリターナブル瓶だが、ミネラルウォーターなどはさらにワンウェイ容器が増え、約六割を占めているという。

家庭ごみのリサイクル率は六五%が目標

二〇〇八年、EUの廃棄物指令が改正され、加盟国は二〇二〇年までに家庭ごみとそれに類する廃棄物の紙、ガラス、金属、プラスチックの五〇%以上をリサイクルまたは再使用するとの目標値が示された。ドイツでは、すでにこの目標値をクリアしているため、政府は六五%に目標を定めた。

二〇一三年からいくつかの都市で、家庭ごみの一括収集のモデル的な試み（パイロットプロジェクト)が始まったという(約一〇〇〇万人の人口をカバー)。DSD社の企業などが自治体と組んでおこなう。容器包装プラスチックとそれ以外の製品プラスチックや金属製品を一括して大規模な選別施設(ソーティングセンター)に持ち込み、金属(鉄、アルミ)、素材別のプラスチックなどに選別してリサイクル業者に売却。残った残渣は焼却して、埋め立てに回している。

経産省の委託で、公益財団法人日本生産性本部がこれらを調べた報告書によると、選別施設は、広域から一括して集めることでコストが低くなり、バージン原料よりも安く高品質の再生原料を提供し、材料リサイクルの割合と熱回収を含めたエネルギーリカバリー率も同時に増加しているという。

また、「資源効率性」という概念を、EUは打ち出した。地球の有限な資源を持続可能な方法で効率的に利用することで、ヨーロッパの産業の国際競争力を高めようとしているという。

報告書は、こうしたEUの動きを総括し、こう結んでいる。

「日本の廃棄物制度は、欧州のような廃棄物施設が相互に処理料金を競う競争環境を確保しておらず、暗黙の裡《うち》に焼却施設が有利な状況を設定しており、焼却に対して材料リサイクルが経済的に優位に立つチャンスが乏しいため、ソーティング・センターが成り立つ市場環境になない。このため、日本の静脈産業はソーティング技術において欧州勢に比べ大きく後塵を拝しており、今後さらにインフラ面・技術面の両方で差が拡大する恐れがある。〔略〕今のような熱処理系の廃棄物管理を続けていると、循環型社会先進国としての国際的リーダー格としては認められなくなり、日本の静脈産業のブランド力が構築されにくいか、低下する恐れがある」

5　行き場のないごみ　放射性物質による汚染廃棄物

二〇一一年三月に起きた福島第一原発事故で、放出された放射能で汚染された廃棄物を処理・処分するため、国は二〇一一年八月、放射性物質汚染対処特別措置法を制定した。
▽放射性物質のセシウムが一キロ当たり八〇〇〇ベクレル以下の汚染廃棄物は、一般のごみと同じ扱いで処理・処分する。
▽八〇〇〇ベクレル超〜一〇万ベクレルの廃棄物は「指定廃棄物」に指定、国の責任で処分する。
▽福島県の汚染廃棄物のうち、一〇万ベクレル超の廃棄物と除染で出た汚染土壌は中間貯蔵施設で保管し、一〇万ベクレル以下の汚染廃棄物は、民間の管理型処分場に埋立処分する。
一二都県から出た八〇〇〇超〜一〇万ベクレルの廃棄物、約一五万七〇〇〇トンのうち、宮城、茨城、栃木、群馬、千葉の五県では、環境省が一県につき一か所に最終処分場を設置しようとしたが、候補地にされた市町は猛反発して迷走状態に陥った。また、岩手県と宮城県の東

日本大震災で発生した「災害廃棄物」を他県で処理し、支援する広域処理をめぐっても、受け入れを拒否する自治体が相次いだ。どこに問題があったのか。

微量汚染で反対運動にあった「災害廃棄物」

宮城県と岩手県で発生した「災害廃棄物」は、合わせて約一五〇〇万トンにのぼった。被災自治体だけでは処理が追いつかず、環境省は、全国の自治体による広域支援で処理を促進しようとした。

しかし、処理施設の周辺住民の放射性物質への不安は大きく、自治体も消極的だった。支援を申し出た静岡県島田市、大阪市、北九州市などでは、市民の反対運動が起きた。「焼却施設から大量の放射性物質が放出」といった未確認情報がネットに氾濫し、環境省は焼却実験の結果を公表するなど安全性をPRしたが、懸念を払拭《ふっしょく》するには至らなかった。環境省は、「含まれる放射性物質は微量だから安全」と述べたが、「安全」と「安心」とは違う。さらに、近畿や九州のようなまったく汚染のない地域に、「微量」といえども汚染された廃棄物を持ち込むことへの配慮もなかった。こうしたことで、住民から激しい反発が起きた。

それでも山形県や東京都など積極的に受け入れる自治体も現れ、被災地での処理も順調に進み、両県の災害廃棄物の処理は二〇一四年三月で終了した。他県による広域処理は約六二万トンあり、うち自治体の施設で処理した量は約一六万トンだった。

自治体や市民が不安感を持ったのには、環境省が情報を秘匿《ひとく》したことも影響した。たとえば、八〇〇〇ベクレル以下なら管理型処分場に埋めても安全と結論づけた環境省の「災害廃棄物安全評価検討会」は非公開で、議事録も公開されなかった。私も含め、数人の市民が情報公開請求し、議事録を入手すると、環境省は議事録の作成を中止した。検討会は、南川秀樹事務次官と谷津龍太郎官房長が毎回出席し、審議の方向性をリードした。ある委員は「彼らが出ているだけでプレッシャーを感じた」と打ち明ける。

八〇〇〇ベクレル以下なら安全とする基準は、最終処分場の作業員の被曝量を年間一ミリシーベルト以下にすることを条件に定められた。根拠となった作業員の作業環境は、労働時間の半分は重機を運転しているから、厚さ二センチの鉄板で放射線が遮られるとし、被曝量を少なく見積もったものである。

これに対して大阪府は、「労働実態にあっているのか疑問」（幹部）とし、独自に委員会を設置。公開で議論し、より安全側に立って、二〇〇〇ベクレルの独自基準をつくった。他の自治体も同様に独自の基準を設定した。横浜市は関係団体との協議で、市の最終処分場に持ち込めるのは一〇〇ベクレル以下とした。

民間も「県内は二〇〇〇ベクレル、それ以外は五〇〇ベクレル以下」(中部地方の業者)、「平均二〇〇〇ベクレル以下、最大四〇〇〇ベクレル」(関東の業者)と、より厳しい基準を設定しているところが多い。

「町民に不幸をもたらす政策は受け入れない」と訴えた塩谷町長

八〇〇〇ベクレルを超える汚染廃棄物を埋める最終処分場の候補地選定をめぐっては、候補地にされた市町は、町ぐるみの反対運動に突入した。

一七〇か所に約一万三五〇〇トンの汚染廃棄物が保管されている栃木県では、環境省が二〇一四年七月、最終処分場と焼却施設の候補地として塩谷町の寺島入地区を選定した。

二〇一四年一一月九日、雨のなか、「最終処分場NO!」、「故郷を守ろう」と書かれたプラカードや横断幕を掲げた栃木県塩谷町の住民ら約一〇〇〇人が、宇都宮市の目抜き通りをデモ行進した。主催した自治会や商工会など各種団体でつくる「塩谷町民指定廃棄物最終処分場反対同盟会」は、一七万三五七三人の反対署名を集め、環境省に提出。会長の和氣進さんは「雄大で恵まれた自然。みんな高原からわき出る水を頼りに生きてきた。絶対安全なんてない。原発もそうだった」と話す。五ヘクタールの水田で米づくりをおこなうが、原発事故で風評被害にあい、ようやく元に戻り始めた矢先にこの問題が浮上したという。

この日、宇都宮市内の県公館で開かれた指定廃棄物処理促進市町村長会議で、塩谷町の見形《みかた》和久町長が訴えた。「今回の指定廃棄物の処分場の問題は、いかにして国民に対する被害を最小にするかという政策課題です。そのためには、汚染を拡散させずに、最も汚染されており、数世代にわたって居住困難となっている地域で集中処理すること。それが環境や健康に対するリスクと経済的打撃を最小化し、拡散防止・集中処理という国際原則にもかなう。私は小さい町の町長ですが、一万二五〇〇人の町民の人生に責任を負っています。塩谷町民全員に不幸をもたらすような政策を受け入れることは、断じてできません」。

望月義夫環境大臣が「福島にこれ以上の負担をかけられない。県内処理の考え方を見直すことはない」と否定すると、今度は、首長から会議の進め方に異論が相次いだ。

佐藤信鹿沼市長からは「私もいろいろ話をしてきたが、結局、(各県に)一か所ですと押し切られてきた」、高久勝那須町長からは「一方的に環境省側から情報提供、方針を示されて、我々が異議を唱えても平行線。合意が得られず、気がつくと外堀が埋められていた」などの声があがった。

候補地は、自然が豊かな水源地

現地を見た。市街地から車で北に向かう。「自然を守れ」、「安心、安全ならなぜ、山奥に持ってくる」と書かれたのぼり旗が、軒先や田んぼ、道路際に林立する。林道を約四キロ登った標高六〇〇メートルのスギとクヌギの林に候補地があった。幅約八〇メートル、長さ約二五〇メートルほどの土地は、西荒川と林道で挟まれている。この川のそばに処分場をつくることになる。西荒川は下流で那珂川《なかがわ》と合流し、茨城県から太平洋に注ぎ込む。

候補地から二キロ下流には観光の名所になっている大滝、候補地の東には、環境省が全国名水百選に選んだ「尚仁沢湧水群《しょうじんざわゆうすいぐん》」があり、この一帯は見事な広葉樹が広がる。

清掃活動をしている女性は「『湧水がおいしい』と言って、多くの人がペットボトルを持参してやってくる。最終処分場ができたら、もう誰も来ないだろう」と嘆いた。町は、二〇一四年九月、「塩谷町高原山・尚仁沢湧水保全条例」を制定した。候補地を含む高原山麓一帯を保全地域に指定し、地域内で新たに事業活動をする場合、町の許可を得ることを義務づけた。

ところで、環境省が栃木県の候補地を決めたのは、二回目になる。一回目は、民主党政権のときで、矢板市の大石久保地区の国有林が選ばれた。選定のプロセスは公表されず、二〇一二年九月のある朝、突然、横光克彦副大臣が矢板市役所を訪れ、候補地決定を通告した。この荒っぽいやり方に、市と住民が怒った。やがて民主党政権から自民党政権に代わり、選定方法が見直され、各県ごとに開いた市町村長会議で意見を聞きながら進めることになった。だが候補地が決まると、同じように候補地にされた町は激しく反発し、選定のプロセスにもさまざまな疑問が出た。

塩谷町は、前回の候補地選定の過程で、絞られた七か所に入っていたが、そのときの評価得点は下から二番目。環境省はこう評していた。「鳥獣保護区に該当し、地域指定条件で低評価。河川と崖地に近く自然条件で低評価」、「沢沿いで地下水位は浅い（浅いと地下水が浸透、汚染の心配がある）と推察。水域と陸域を繋ぐなだらかな移行帯が形成され、自然度は高く、造成による動植物への影響は小さくない」。

二回目は選考方法が変わった。利用可能な国有地と県有地が存在する一五市町から、自然災害を避けるべき地域、自然環境を保全すべき地域などを除き、二・八ヘクタール以上確保できる五か所を選び、さらに「安心面」として集落からの距離、水道の取水口からの距離などを点数化し、優劣をつけた。塩谷町は一一・五点と最高点だった。

環境省の指定廃棄物対策チームの清丸勝正課長補佐は「評価の方法や手順については、市町村長会議に諮り、了承を得ていた。地滑り、土石流など自然災害を考慮して避ける地域を除いたうえで五か所に絞った。しかし、いずれも安全面で問題がなかった。優劣がつかないので、住宅地からの距離など、住民の安心感につながる四項目を点数化した」と説明する。

だが、見形町長は「前回は、近傍《きんぼう》に河川があるか、崖地かどうかなどが評価項目にあり、あてはまった塩谷町は低評価だった。ところが、その後、これらが評価項目から削除されて高得点になった。私は、不覚にも『環境省が自ら選んだ名水百選の湧水群の近くだから大丈夫だ』と思いこんでいた」と納得しない。

宮城県では、候補地のすぐそばで地滑り

国有林が候補地に選ばれたのは、宮城県も同じだ。

環境省は二〇一四年一月、約三三〇〇トンの指定廃棄物を保管する宮城県のなかで、栗原市、加美町、大和町を候補地に選び、ボーリングなどの詳細調査をおこない、一か所に決定するとした。加美町は「詳細調査を受け入れない」と表明、栗原市と大和町は、加美町を含む三市町すべてが詳細調査に同意することを受け入れの条件にした。そして、「岩手・宮城内陸地震の時、候補地から四キロのところで巨大地滑りがあり、不適」(栗原市)、「候補地から六〇〇メー

トルに陸上自衛隊の王城寺原演習場があり、砲弾が飛び交い危険」(大和町)と訴えた。

加美町田代岳の候補地は、標高六五〇メートルの、箕ノ輪山の頂上。二ツ石ダムを建設したとき、採石場として削って平らになったところで、候補地には東側と南側から地滑りが迫っている。環境省は「候補地は地滑り危険箇所に該当していない」と説明するが、防災科学技術研究所が作成した地滑り分布図を見ると、候補地を囲む形で数多くの地滑りが起きている。

二〇一四年六月、大槻憲四郎東北大学名誉教授(地質学)が現地を訪ね、疑念を抱いた。「この地域は一大地滑り地帯。一見して不適当だとわかるこんな所がなぜ選ばれたのか、不可解だ。選定作業はまともにおこなわれていないのではないか」と疑問を投げかける。

環境省に向ける町の不信感は強い。町が要請したことで、環境省から渡された地図を見て猪股洋文町長は驚いた。「地図上に示された候補地は一センチほどの赤い点。これでは現地を確認できない。詳細な地図を再三求め、三か月後に出てきた。町が測量すると、同省が『確保できる』という二・六ヘクタールに足りなかった。それを指摘すると、そばの防災調整池と細長い道路を足して『確保できている』と。詭弁《きべん》じゃないか」。

その後、農協、商工会など町内四六団体で「放射性廃棄物最終処分場建設に断固反対する会」が結成された。会長の高橋福継さんは、候補地に近い切込行政区長で、牛四頭を飼い、八〇アールの水田で農業を営む。「あの一帯は貴重な水源地。もし、事故が起きたら、『想定外』と言うのだろうか」。

加美よつば農業協同組合の後藤利雄営農販売部長は「米の取引先から、『最終処分場ができるなら取引を見合わせたい』と言われた。環境省は風評被害が出ないようにするというが、前に被害を受けたときも、国は頼りにならなかった」と語る。

最終処分場と焼却施設は安全なのか

環境省が設置する最終処分場は、「遮断型」と呼ばれるコンクリートで囲った処分場。清丸勝正課長補佐は「一〇万ベクレル以下は遮水シートを敷いた管理型処分場で処理でき、遮断型ではスペックがよすぎるが、あえて水質汚染の心配のない遮断型にした。コンクリートは厚く、大地震でも壊れない」と安全性を強調する。

栃木県と宮城県では、焼却施設も併設し、燃やした後の焼却灰を最終処分場に埋める計画だ。しかし、環境省の過去の実験では、煤塵《ばいじん》(飛灰)は、炉の構造によって一七〜三三倍に濃縮される。栃木県の汚染廃棄物の平均濃度は二万三〇〇〇ベクレルなので、単純計算すると最大三九万〜七六万ベクレルにもなる。

排ガスとして放射性物質が外に漏れることを、住民は心配する。環境省は「バグフィルターで一〇〇％近く捕集できることを確認している」と言うが、汚染廃棄物に、汚染されていない家庭ごみを大量に混ぜ、濃度を大幅に下げて燃やしており、数万ベクレルの汚染廃棄物だけを燃やした経験はない。

処理技術に詳しい畑明郎元大阪市立大学教授(環境政策)は、「処分場のコンクリートは数十年で劣化してひび割れ、一〇〇年も持つわけではない。ひび割れすれば放射性物質は地下水に漏洩し、溶けて下流域に広がる危険性がある。セシウムは沸点が低くガス化しやすい。焼却施設のバグフィルターで一〇〇％近く取れるのか疑問だ」と指摘する。

茨城県では一四自治体が分散保管を提唱

自然が豊かな水源地に持ち込もうとすれば、反発が出るのは当然だ。そこで、セシウムの自然減衰を待つ「分散保管」が、自治体側から対案として提起された。

二〇一五年一月二八日の茨城県の市町村長会議。環境省がおこなった自治体アンケートの結果は、四四市町村のうち「現状のまま分散保管を支持」が二二、「一か所に最終処分場設置を支持」が一二などであった。会議では、「県内一か所は現実的に極めて困難。昔から卵は一つの籠に入れるなと言われているが、同じように分散保管がベターと考える。その費用を国が出すことがいちばんいい」(吉成明・日立市長)、「保管している一四市町が集まって話をすることで先に進む。私は現地継続保管」(豊田稔・北茨城市長)と、分散保管が多数を占めた。

一か所にこだわる環境省も、これらの意見をないがしろにできず、約三六〇〇トンを保管する一四市町で会議を開き、検討することになった。前回の候補地選定で選ばれて反対運動を展開した高萩市の小田木真代市長は「市民に理解してもらえる処分方法であることが大事だ。分散保管しかない」と、私に語った。

千葉県では東京湾の東電の火力発電所が候補地に

環境省が候補地選定作業を進める千葉県では、現在、約三六〇〇トンの汚染廃棄物の大半が東葛《とうかつ》地域に集中している。環境省は、二〇一五年四月、東京湾に面した千葉市にある東京電力の火力発電所を候補地に選び、千葉県と千葉市に示した。しかし、千葉市では住民の反対の声が強まり、六月に熊谷俊人市長が、選定方法の不透明さなどを理由として、環境省に選定のやり直しを求めた。

一方、東葛地域の柏市、松戸市、流山市では、保管庫を焼却施設の施設内に設置、暫定保管を続けている。柏市の南部クリーンセンターの敷地内に、ボックス・カルバートと呼ばれるコンクリート製の仮保管庫がある。汚染廃棄物の焼却灰をドラム缶に詰めて保管し、分厚いコンクリートが放射線を遮断する。國井潔廃棄物政策課長は「週二回、仮保管庫のそばで測定し、安全性を確認している。説明会や見学会をおこない、住民に理解してもらった」と語る。

この東葛地域の三市にはこんな経験がある。

当初、他県の汚染廃棄物が増えて保管が困難になり、県営の手賀沼終末処理場(我孫子市、印西市)につくったテント式の仮保管庫で一部の汚染廃棄物を仮保管してもらっていた。しかし、「なぜ、他の自治体の廃棄物を持ち込むのか」と周辺住民が「広域近隣住民連合会」を結成。県に安全な保管や撤去を求め、公害調停と裁判で争った。結局、当初、二五〇〇トン持ち込む予定が、五二六トンにとどまり、二〇一五年三月までに各市に持ち帰った。

連合会事務局長の小林博三津さんは「このあたりは田畑が広がり、近くに自然公園や高校もある。汚染廃棄物は移動させず、安全な施設で保管すべきだ」と言う。

三市とも、仮保管は、「最終処分場ができるまで」という位置づけだが、住民の理解を得られれば長期の保管は可能だ。セシウム134の半減期は二年、セシウム137は三〇年。二〇二〇年に放射性物質の量は発生当初の四分の一に減る。十分に下がってから、埋立処分をする選択肢もあるという。

栃木県では、矢板市が候補地になった二〇一二年秋、矢板市、塩谷町など四市町の担当課長で研究会をつくり、内部で問題点と対策をまとめた。汚染廃棄物の安全な処分方法は確立されていないとして、技術開発を進めながら、当面は厳格な管理のもとに暫定保管を続けるべきだと提言している。メンバーの一人は「山奥の見えない場所に隠すからみんなが不安に感じる。誰もが見えるところで保管し、情報を公開したほうが、逆に住民は、安心感を得られると考えた」と話す。住民と向き合ってきた課長たちが、悩み抜いて出した結論だった。

最終処分場を「長期管理施設」と呼び方を変える

選定作業がいっこうに進まず、困った環境省は、二〇一五年四月、遮断型の最終処分場の呼び方を、「長期管理施設」と改めるようになった。候補地にされた自治体や住民の反発を和らげるのが狙いだ。三〇年保管し、セシウムの濃度が下がったら、他の埋立処分場に移したり、道路の路盤材などリサイクル材として利用したりすることも検討するという。

しかし環境省は、処分場の隣に焼却施設を設置し、汚染廃棄物を燃やし、数十万ベクレルに濃縮された灰を処分場に埋めるとしている。「そんな高い濃度の灰をどこに持ち出せるのか。

子どもだましだ」（加美町）、「表面を変えても中身は同じ。ごまかしは通らない」（塩谷町）と、自治体はいっそう反発を強めた。

リサイクル利用も問題がある。環境省は、「三〇〇〇ベクレル以下なら、路盤材として使える。上から覆土するから環境汚染の心配がない」と説明する。しかし、産廃なら管理票（マニフェスト）で行き先を追跡できるが、リサイクルには追跡・管理する仕組みがない。この章でも述べたように、過去にも、産廃をリサイクル製品と偽って利用し、環境汚染を起こしたり、不法投棄したりした事件がいくつもあった。安易なリサイクルは、汚染の拡大を招く心配がある。

中間貯蔵施設というが、実態は最終処分場

福島県内の一〇万ベクレルを超える汚染廃棄物や除染で出た土壌は、最大二二〇〇万立方メートルと見られている。環境省は、福島第一原発がある大熊町と双葉町内に中間貯蔵施設をつくることを決め、二〇一五年三月から一部の廃棄物の搬入作業を始めた。用地面積一六〇〇ヘクタール、用地買収費一〇〇〇億円、建設費一兆円の巨大公共事業だ。

中間貯蔵施設といっても、構造は最終処分場そっくりだ。汚染度の低い土壌は、遮水シート

を敷かず素掘りの穴に埋めて覆土する安定型処分場、中程度の土壌や焼却灰は遮水シートを敷いた管理型処分場に、それぞれ埋め立てられる。一〇万ベクレルを超える焼却灰などは、遮断型処分場の構造に似た施設に保管される。環境省は「減量化施設も設置し、埋めた廃棄物は掘り返して減量化したい」と話すが、その廃棄物の処分先ははっきりしない。

もともとは、ここに最終処分場をつくる予定だった。だが、つくったら「住民が帰還しない」と福島県が抵抗し、三〇年保管した後、県外につくった最終処分場に搬出することが決まった。そして、中間貯蔵事業を請け負う国策として特別法で設立された特殊会社の日本環境安全事業の会社法を改正し、中間貯蔵・環境安全事業と社名を変更し、国は、中間貯蔵開始後三〇年以内に、県外で最終処分を完了するために必要な措置を講ずると明記した。さらに、二〇一四年度の補正予算で県と県内自治体に総額三〇一〇億円の交付金を出すことが決まり、県は建設を容認した。

しかし、法律に明記したところで、三〇年後に最終処分を受け入れる自治体が現れるのだろうか。青森県六ヶ所村などで保管されている高レベル廃棄物の最終処分先が決まらないことからも、答えは明らかではないか。大熊町と双葉町、両町の広大な敷地には二〇〇〇人を超える地権者がおり、最終合意にはかなりの年月がかかりそうだ。

ところで、この巨大事業は、環境省の傘下にある中間貯蔵・環境安全事業の延命化と肥大化をもたらした。前身は環境事業団で、国立公園の整備や資金の貸し付けをしていた。省庁再編の際、廃止される運命にあったが、民間が保有するPCB廃棄物の処理をおこなう会社として再出発した。このPCB処理が終われば、見直しの対象となることが考えられたが、原発事故で逆に予算も規模も膨張した。元環境事務次官が副社長に就任するなど、環境官僚の有力な天下り先になっている。

第 5 章

循環型社会と「3R」

フィリピンでは家電を修理して長く
使い続ける

リサイクルから、ごみのリデュースとリユース重視に

環境省がPRに力を入れるのが「3R」＝廃棄物の発生抑制（Reduce）、再使用（Reuse）、再生利用（Recycle）。まず、ごみの発生抑制に取り組み、次に使った製品をリユースして寿命を延ばし、廃棄時にはリサイクル、最後に適正処理という優先順位だ。

しかし、これまで見てきたように大量リサイクルの限界が明らかになって、環境省もリデュースとリユースの「2R」の重要性を感じ、自治体のモデル事業の支援をしたりしている。

リサイクルを進めてきた自治体も、「2R」を打ち出すようになった。

名古屋市は、ごみ処理基本計画で、「ごみも資源も、分けて減らす」リサイクルはコストがかかり、二酸化炭素の発生などの環境負荷もあるとし、循環型社会の実現のためには、まず、「ごみも資源も、元から減らす」リユースを含めた「発生抑制」の重要性を指摘している。レジ袋を削減するためにスーパーなど約一二〇〇店舗と協定を結び、リユースカップの貸し出し事業や、フリーマーケットの開催支援、リユース店の情報提供などをしてきた。

しかし、この方策の弱みは、具体的にどの対策でどれだけごみが減るのか、数字を予測でき

ないことだ。ごみ減量推進室の吉原純一さんは、「ごみになりやすいものは買わない、長く使うといった行動は、結局のところ、市民一人ひとりの意識にかかわる問題なので、計画を立てづらい」と話す。

京都市も「2R」を重視し、二〇一五年に、事業者に「2R」の状況を報告させる制度を導入した。「『2R』を市民に呼びかけてもどれだけ効果があるのか測りづらい。実効性を持たせるための処置の一つ」と担当者は言う。

自治体のごみ減量に最も効果をあげてきたリサイクルだが、紹介したように二〇％程度で頭打ちとなっている。最近になって多くの自治体が「2R」を言い出すのは、リサイクルするものがないのではなく、財政的な余裕がなくなっていることもあるからだろう。

しかし、リサイクルも含めた「3R」を進めていくには、総合的な対策が必要となってくる。もちろん、無駄なものは買わない、捨てないといった市民の努力も当然のことだが、製造者がごみになりにくい製品を設計し、製造に再生資源を積極的に利用するなど、川の上流からごみの発生を抑制するような仕組みが求められる。二〇〇〇年に制定された「循環型社会形成推進基本法」は、ごみの発生抑制から処理・処分までの優先順位を明確にし、製造者が製品などについて廃棄物になった後まで一定の責任を負う「拡大生産者責任」（製造者責任）を盛り込むことで、資源を効率的に利用する社会をめざそうとした。

せっかくの法律がありながら、個々のリサイクル法は、第2章で紹介したように、省庁の縄張り争いや関係者の思惑によって思うように改善が進まず、基本法も期待された効力を発揮できていない。

幻に終わったもう一つの循環型社会法案

ここで循環型社会形成推進基本法の制定過程をふりかえってみたい。

議員立法に向け、真っ先に動いたのが公明党だった。公明党の呼びかけで自民党、自由党と三党のプロジェクトチーム(PT)ができたのは一九九九年秋。野党だった公明党は、自民党と連立政権を組むにあたり、「二〇〇〇年を環境元年とする」ことを政権参加の合意事項としていた。容器包装リサイクル法などリサイクル法が整備されつつあったが、廃棄物とリサイクルを包括する法律がなかった。環境庁は前年に、それを包括する基本法をめざしたことがあったが、通産省の同意が得られず、「省庁再編で、廃棄物処理法の所管が、厚生省から環境省に移ってからでいい」と、先送りを決めていた。しかし、自民党が、PTの統一案とは別に環境庁に自民党案をつくるよう指示したことから、環境庁が法案づくりに向けて動き出した。

やがてそれは内閣が提出する法案(閣法)になり、政府案と、議員立法をめざす公明党案とが対決することになった。

大野由利子衆議院議員や田端正広衆議院議員らが中心になり、個人的なつてを使って環境官僚の協力を得てつくった公明党案は、再生可能エネルギーの活用や自然の循環を保持するために環境の改変を最小化するなど、広い分野に網をかぶせていた。また、循環型社会形成推進計画をチェックする第三者機関を設置したり、計画に目標値を設定したりするとしていた。

だが、自分たちの所管する分野に踏み込まれることを、他の省庁が嫌い、結局、国会に対する計画の報告を義務づけるなど、わずかな修正で政府案が国会に上程され、二〇〇〇年、民主党を除く賛成多数で成立した。政府案には、当初の公明党案になかった事業者の「拡大生産者責任」が、不十分な形ながら盛り込まれていた。法案づくりの中心になった元環境官僚の伊藤哲夫氏は、当時、「回収責任の文言を入れたことで、他のリサイクル法にも影響を与えることができる」と期待感を語った。この過程では、ごみ問題に取り組むさまざまな団体やグループが、意見を表明し、対案をつくり、議員たちと交渉し、連帯して行動することで存在感を発揮した。にもかかわらず、その後はこうした運動が急速に衰えたことが惜しまれる。

拡大生産者責任の実現をめざしたが……

この法律に盛り込まれた「拡大生産者責任」の具現化のため、かつて環境省が、廃棄物処理法の改正に動いたことがある。一九九一年の廃棄物処理法の改正時、厚生省が、自治体が適正に処理することがむずかしい物を「適正処理困難物」とし、事業者に引き取らせる仕組みを盛り込もうとしながら、産業界の抵抗で、あいまいな内容に終わったことがあった。省庁再編で環境庁から省に昇格し、廃棄物処理法を所管することになった環境省は、この仕組みを実現しようとしたのである。

二〇〇二年に環境省の廃棄物・リサイクル対策部長に就任した飯島孝氏は、この「リベンジ」に挑戦した。個々のリサイクル法に業界がぶらさがっている状況を見て、植田和弘京都大学教授は「まるでリサイクル産業促進法だ」と、私に語ったことがあった。飯島氏は、品目ごとに新法をつくるよりも、廃棄物処理法で品目を指定して、事業者に回収させたほうが効率的で、市民にもわかりやすいと考えた。

そこで飯島氏は経団連に呼びかけ、環境省の職員と経団連の幹部ら総勢数十人で静岡県御殿場市にあるセミナーハウスで「夏合宿」をおこない、理解を求めた。改正法案は、市町村の処理施設で処理が困難な製品を環境省が政令で指定し、製造者や利用者に回収・リサイクル・処理など必要な措置を求めることができる、といった内容である。事業者が従わない場合には、勧告し、それでも従わない場合に是正《ぜせい》措置がとれるというものだった。

飯島氏は経団連を説得するため、経団連が要望していた廃棄物処理の規制緩和のメニューも用意した。いわゆる「アメとムチ」である。これを足がかりに、経団連の廃棄物・リサイクル部会長だった庄子幹雄鹿島建設副社長と交渉した。飯島氏や当時の関係者によると、庄子氏は環境省の申し出を受け入れ、嫌がる企業を説得し、了承にこぎつけたという。庄子氏はこれまでも国の廃棄物政策に協力し、経団連のなかでも希有な存在で、今回も飯島氏の期待に応えた。

経産省の了承もとり、二〇〇三年三月、国会に上程することが内定した。そして大臣が庄子氏に感謝の意を述べるため、懇談会を開くことになった。ところが、庄子氏は現れなかった。経団連を代表して代わりに来たのが、製鉄会社の幹部。飯島氏らにこう通告したという。「事業者の回収責任は認められません」。

了承していたはずの経産省も態度を一変させ、回収する品目の指定では、環境大臣とともに経産大臣がおこなうことを法案の条文に入れるよう要求してきた。

飯島氏は、私にこの一連の経過を明かした後、こう言った。「振り付けも終わり、国会にあげる寸前に、ハシゴを外されるとは。庄子さんは、責任をとって部会長をやめたいと伝えてきた。必死で、辞表の提出を思いとどまってもらった。私は経産省が裏で経団連に働きかけ、ひっくり返したのではないかと疑っている」。

こうして、適正処理困難物の条文が消えた改正廃棄物処理法案が、国会に上程された。その年の六月、衆議院の環境委員会に、庄子氏が参考人として呼ばれた。公明党の福本潤一議員が「拡大生産者責任の制度的拡充についてどう考えておられるか。今回、制度化が見送られた中で、対象とする品目に関する御意見をお伺いしたい」と聞いた。庄子氏は「最終的には産業界は負っていかなければいけないだろうと認識しております。しかし、そこに至るまでの間に対象物により、考え方がそれぞれ産業界でも分かれております。ちゃんと仕分けした段階でこれに対応していきたい」と答えた。

このやりとりを聞いた飯島氏は翌月、国立環境研究所に理事として異動した。退職後、環境省の外郭団体に籍を置いた後、二〇一四年八月、急逝した。

廃棄物処理法と資源有効利用促進法の統合を

その飯島氏は廃棄物・リサイクル対策部長時代、大きな構想を描いたことがあった。環境省所管の「廃棄物処理法」と経産省所管の「資源有効利用促進法」の統合である。

飯島氏は言った。「経産省に持ちかけたが、断ってきた。廃棄物処理法にはいろんな規制や義務があり、統合したら飲み込まれると警戒したのだろう」。

ドイツには「循環経済・廃棄物法」（一九九四年制定、現在は循環経済法）がある。廃棄物処理をおこない、資源・エネルギーを節約し、ごみになりにくい製品を設計するなど製造者の責任を強め、それによる循環経済を目的としている。

日本でも、大きな視野からの総合的な法制化が必要だが、この論議はその後、立ち消えとなった。代わりに環境省は、自分たちのリサイクル法を持とうと考えるようになった。小型家電リサイクル法がそうだ。

法制化の過程で、環境省と法案を審査する内閣法制局との間で、こんなやりとりがあった。

二〇一一年一二月七日。

法制局「（法制局の）幹部会にて、促進法案ということなら資源有効利用促進法の改正で対応できないのか、という話が出た。改めて条文を読んでみたが、なぜこれではダメか？（中略）」

環境省「（小型家電の収集を）廃棄物処理法の（規制から除く）特例が無い」

法制局「それは、作ろうと思えば作れる」「資源有効利用促進法の中身は、（中略）促進のわりには厳しい仕組みになっている。小型家電リサイクル法はフワフワしている（中略）」

環境省「明確な拠り所が無い。〔小型家電リサイクル法案では〕市町村の分別収集計画が頼りだったが、それも法制局審査の過程で既に無くなってしまった」

自前の法律がありながら、積極的に動こうとしない経産省。それにいらだち、権限拡大の思惑を秘めて新法に走る環境省。こうしてリサイクルの世界は、ますます複雑化していく。

環境法が専門の大塚直早稲田大学教授は、著書『環境法』で、「基本法として枠組がつくられたことは評価できるが、実体的な規定が極めて少ないため、個別法の制定・改正が必須であることである。〔中略〕今後、（長期的には）廃棄物処理法と資源有効利用促進法の合体が目指されるべきである」と提言している。

「3R」と焼却施設は、共存できるのか

「3R」周知のため、環境省は、毎年一〇月に「3R推進全国大会」を開き、リサイクルやごみ減量に取り組む企業や団体、個人を表彰するイベントをおこなっている。経験を共有し、ライフスタイルを見直す機会を提供するのが狙いだ。

二〇〇四年のシーアイランドサミットでも、政府は「3R行動計画」を提唱して、「3Rイニシアティブ」がスタートした。これにもとづいて行動計画をつくり、アジア各国に日本の経

験や技術を伝える事業をしている。

一方、政府は日本の静脈産業をアジア地域に進出、展開させようとしている。環境省の「日系静脈メジャーの海外展開促進のための戦略策定・マネジメント業務報告書」によると、これまでアジア地域での海外進出は、プラントメーカーの焼却施設の建設が主流だが、受注件数は少ない。この分野では売り上げが数千億～一兆円を超える欧米の多国籍企業が力を持ち、建設から長期の管理までおこない、焼却施設、バイオガス施設、機械生物処理施設（ＭＢＴ）など、多様な技術が強みだ。

報告書は、所得の高い国や地域では欧米勢に勝てないので、それ以外の地域に焦点を合わせ、焼却に否定的な住民に安全性を理解してもらうことなどを提唱している。しかし、コストや多様な処理方式、また総合的な管理能力で遅れをとっていては、勝機は少ない。むしろ欧米のメーカーのように、焼却施設に特化せず、資源を利用するようなプラントやメンテナンスの開発と販売に力を入れ、シェア拡大を図るべきではないだろうか。

それは、焼却一辺倒できた国の政策に乗っかり、焼却施設に特化した国内の業界のあり方の見直しにもつながる。なるほど、最近になって環境省は、発電設備のある焼却施設を熱回収施設と呼ぶようになった。廃棄物処理だけでなく、発電に利用することによって、地球温暖化対策として二酸化炭素の排出削減ができるという。このごみ発電は、FITを適用すれば、発電した電力は一キロワット時当たり一七円(税抜)で買い取ってもらえる。

単純焼却をやめ、小さな施設を集約し、高効率のごみ発電ができるようにするというのは一つの選択ではある。しかし、この問題に詳しい循環資源研究所の村田徳治所長は「ドイツなどでは、焼却施設を、発電だけでなく熱利用する目的で、パイプラインをひいて住宅や工場に熱供給している。しかし、日本ではごみ処理が目的なので、熱供給に関心を払わず、住宅や工場から離れた場所につくってきた。大量の熱がむだに環境中に放出されている。それに焼却施設は、排ガス対策に巨額の税金を投入しなければならない。発電施設を持つだけで、循環型社会の構築に寄与するとはとても言えない」と話している。

第4章でバイオガス化をはじめ、いくつかの新しい試みを紹介したが、ごみの大半を占める可燃ごみに含まれる有益な資源を、そのまま燃やすような体制を続けていては、とても「3R」と共存できない。国は、リユースを正当に位置づけ、ごみの発生抑制を進めるとともに、従来のごみ処理方式のあり方を見直し、ごみに含まれる資源をできる限り有効利用し、静脈産業を育てる。市民もごみ減量に協力するとともに、政府や自治体に政策提言していく――。そんなことが、いま、求められているのではないか。

あとがき

ごみ＝廃棄物は、私たちにとって身近な存在だ。しかし、家庭から排出されたごみが、どこに運ばれ、どんな処理がおこなわれているのか、案外知られていないのではないか。そこで「ごみの行方」をキーワードにし、リサイクル施設や処理施設や山間地の不法投棄現場など、全国を歩き回ったルポを横軸に、この二〇年余りの廃棄物行政の歴史を縦軸に全体像を描く――。そんな狙いで書きあげたのが、この本である。

ごみ問題をテーマに取材を始めたきっかけは、新聞記者時代に出会った産業廃棄物の不法投棄事件だった。一九九〇年代、全国で不法投棄事件が立て続けに起きた。岐阜県の現場を訪ねると、タイヤと廃材が山のように積まれ、蓄熱による自然発火で起きた火災を消し止めた現場から、煙がもうもうと立ちのぼっていた。香川県豊島では、不法投棄された巨大な産廃の撤去を求め、島ぐるみで住民が闘っていた。

当時は、埋立処分場や焼却施設の建設、操業をめぐって、住民による反対運動が頻発し、最も多いときは全国で三〇〇件を超えた。それが、国や自治体のリサイクルやごみ減量の動きにつながり、やがて大量リサイクル社会が出現した。

しかし、各種のリサイクル法にリサイクル業界がぶらさがり、既得権化し、リサイクルはごみ減量の「手段」から「目的化」してしまったように見える。一方で、ごみが減り、焼却施設をもてあましている自治体も多い。

焼却に偏重した日本のごみ処理を今後も続けるのか。あるいは別の道を選択するのか。ドイツの試みは、私たちの参考になるはずだ。

いくつかの法律の制定過程については、情報公開請求で得た資料や独自に入手した内部資料、関係者の証言を盛り込み、舞台裏を描いた。官僚は自分たちに都合の悪い情報は出さない。隠された省庁間の折衝などから、そこにどんな思惑が隠されているのかを伝えようとした。

また、これまでごみを扱った本で触れられることのなかった「リユースの世界」も紹介した。フィリピンの中古家電の販売店を訪ねたり、国内の不要品回収業者のトラックに乗ったりして実態を探った。リユースの世界とリサイクルの世界は競合する部分があるが、資源循環の社会づくりを進めるためにも、お互いが役割分担し、共存していくことが大切だと感じている。

最終章では、環境省の官僚で「拡大生産者責任」を実現しようとした飯島孝氏を取り上げた。

酒好きで、私ともうまが合った。目標に向け、猪突猛進するところは、ことなかれ主義が蔓延《まんえん》する官僚の枠を超えていた。

全国をめぐって取材したことがらのうち、ここに収録したのは一部にすぎないが、ごみと向き合う自治体や事業者、住民の声はもっと政策に反映されていいと思う。

一人ひとり名前は申し上げないが、これまで取材に応じていただいた多数の人々に感謝の言葉を申し上げたい。辛口の質問をし、厳しい意見も言ったが、真摯《しんし》に応じていただいた。立場や考え方は違っても、環境をよくしたいという点では一致するからだろう。

なお、本書の一部には、『月刊ガバナンス』や『世界』などに書いた記事に加筆したものも含まれている。

また文中の肩書きは、取材当時のものであることをお断りしておく。

出版にあたってアドバイスをいただいた岩波書店のみなさんに感謝したい。

二〇一五年五月三十一日

杉本裕明

主要引用・参考文献

●序章

大塚直『環境法』有斐閣，第一版 2002 年，第三版 2010 年

廃棄物・3R 研究会編『循環型社会キーワード事典』中央法規出版，2007 年

●第 1 章

「天下逸品　ヤマが基盤の錬金術師」『朝日新聞』2013 年 10 月 15 日夕刊

●第 2 章

九州テクノリサーチ『平成 24 年度廃ペットボトルの海外流出を抑止するための国内循環物量強化方策検討業務調査報告書』環境省，2013 年

生活環境審議会，厚生省生活衛生局水道環境部監修『包装廃棄物新リサイクルシステム』ぎょうせい，1994 年

寄本勝美『政策の形成と市民　容器包装リサイクル法の制定過程』有斐閣，1998 年

大塚直「容器包装リサイクル法の見直しについて」『廃棄物資源循環学会誌』2014 年，Vol.25，No. 2

森口祐一「容器包装等のプラスチックの 3R の課題と展望」『廃棄物資源循環学会誌』2010 年，Vol. 21，No. 5

森口祐一「循環型社会から廃プラスチック問題を考える」『廃棄物学会誌』2005 年，Vol. 16，No. 5

本田大作「効率化と高度化を目指した新たな材料リサイクルの制度化の提言」『廃棄物資源循環学会誌』2014 年，Vol. 25，No. 2

「異議あり　プラスチックごみは，もっと燃やせ」『朝日新聞』2010 年 7 月 24 日朝刊

青島矢一，鈴木修『一橋大学 GCOE プログラム　日本企業のイノベーション——実証経営学の教育研究拠点プロジェクト　新日本製鐵コークス炉原料化法による廃プラスチック処理技術の

開発と事業化』2013年

●第3章

皆木和義『ハードオフ　究極のローコスト経営――失敗が教えた「勝つための経営哲学」』ダイヤモンド社，2002年
坂本孝，松本和那，村野まさよし『ブックオフの真実　坂本孝ブックオフ社長，語る』日経BP社，2003年
戸部昇『リターナブルびんの話　空きびん商百年の軌跡』リサイクル文化社，2006年
小林茂『中古家電からニッポンが見える』亜紀書房，2010年
窪田順平編『モノの越境と地球環境問題　グローバル化時代の〈知産知消〉』昭和堂，2009年
吉田綾，寺園淳ほか『アジア地域における廃電気電子機器の処理技術の類型化と改善策の検討』国立環境研究所ほか，2012年
寺園淳ほか『アジア地域における廃電気電子機器と廃プラスチックの資源循環システムの解析』国立環境研究所ほか，2008年
日本磁力選鉱『フィリピンにおける電気電子機器廃棄物のリサイクル事業に関する実施可能性調査報告書』経済産業省，2014年

●第4章

東京都清掃局『東京都清掃事業百年史』東京都環境整備公社，2000年
杉本裕明『官僚とダイオキシン　“ごみ”と“ダイオキシン”をめぐる権力構造』風媒社，1999年
杉本裕明，服部美佐子『ゴミ分別の異常な世界　リサイクル社会の幻想』幻冬舎，2009年
服部美佐子，杉本裕明『ごみ処理のお金は誰が払うのか　納税者負担から生産者・消費者負担への転換』合同出版，2005年
杉本裕明『赤い土　フェロシルト――なぜ企業犯罪は繰り返されたのか』風媒社，2007年
畑明郎，杉本裕明編『廃棄物列島・日本　深刻化する廃棄物問題と政策提言』世界思想社，2009年
杉本裕明「協働 & 広域　エコガバナンスの時代へ」『月刊ガバナ

ンス』2005 年 12 月号，ぎょうせい
杉本裕明「『環境』で自治体が変わる」『月刊ガバナンス』2010 年 9 月号，12 月号，ぎょうせい
日本生産性本部『平成 25 年度欧州における廃棄物処理・リサイクル政策等調査事業報告書』経済産業省，2014 年
三菱総合研究所『平成 24 年度環境問題対策調査等委託費容器包装リサイクル推進調査　容器包装リサイクル制度を取り巻く情報調査・分析事業報告書』経済産業省，2013 年
日本容器包装リサイクル協会『欧州(EU，ドイツ，ベルギー，フランス)におけるプラスチック製容器包装リサイクル状況調査報告書』2007 年
アーシン『平成 22 年度環境省委託業務　国内外における廃棄物処理技術調査業務報告書』環境省，2011 年
杉本裕明『環境省の大罪』PHP 研究所，2012 年
「独仏韓　ごみ最前線」(連載 1 と 2)『朝日新聞』2006 年 6 月 23 日，24 日夕刊
杉本裕明「迷走する環境省」『世界』2013 年 2 月号，3 月号，岩波書店
杉本裕明「行き詰まった汚染廃棄物の処分」『世界』2015 年 7 月号，岩波書店

●第 5 章

田端正広『循環型社会　いま，地球のためにできること』ヒューマンドキュメント社，2000 年
循環型社会法制研究会編『循環型社会形成推進基本法の解説』ぎょうせい，2000 年
三菱総合研究所『平成 24 年度日系静脈メジャーの海外展開促進のための戦略策定・マネジメント業務報告書』環境省，2013 年

この他，環境省や廃棄物・リサイクルの関連団体，企業のホームページ，環境省や経済産業省，農林水産省への情報公開請求で開示された資料などを参考にしました．

杉本裕明

1954年生まれ．早稲田大学商学部卒．1980年より2014年まで，朝日新聞記者．廃棄物，自然保護，公害，地球温暖化，ダム・道路問題など環境問題全般を取材．環境省，国土交通省，自治体の動向にも詳しい．現在はフリージャーナリスト．NPO法人未来舎の代表理事(メールアドレス；NQL53170@nifty.com)．
著書に『環境省の大罪』(PHP研究所)，『赤い土　フェロシルト――なぜ企業犯罪は繰り返されたのか』，『環境犯罪　七つの事件簿から』(以上，風媒社)などがある．

ルポ にっぽんのごみ　　岩波新書(新赤版)1555

2015年7月22日　第1刷発行

著　者　杉本裕明《すぎもとひろあき》

発行者　岡本　厚

発行所　株式会社 岩波書店
〒101-8002 東京都千代田区一ツ橋2-5-5
案内 03-5210-4000　販売部 03-5210-4111
http://www.iwanami.co.jp/

新書編集部 03-5210-4054
http://www.iwanamishinsho.com/

印刷製本・法令印刷　カバー・半七印刷

ISBN 978-4-00-431555-1　　Printed in Japan

岩波新書新赤版一〇〇〇点に際して

ひとつの時代が終わったと言われて久しい。だが、その先にいかなる時代を展望するのか、私たちはその輪郭すら描きえていない。二〇世紀から持ち越した課題の多くは、未だ解決の緒を見つけることのできないままであり、二一世紀が新たに招きよせた問題も少なくない。グローバル資本主義の浸透、憎悪の連鎖、暴力の応酬――世界は混沌として深い不安の只中にある。

現代社会においては変化が常態となり、速さと新しさに絶対的な価値が与えられた。消費社会の深化と情報技術の革命は、種々の境界を無くし、人々の生活やコミュニケーションの様式を根底から変容させてきた。ライフスタイルは多様化し、一面では個人の生き方をそれぞれが選びとる時代が始まっている。同時に、新たな格差が生まれ、様々な次元での亀裂や分断が深まっている。社会や歴史に対する意識が揺らぎ、普遍的な理念に対する根本的な懐疑や、現実を変えることへの無力感がひそかに根を張りつつある。そして生きることに誰もが困難を覚える時代が到来している。

しかし、日常生活のそれぞれの場で、自由と民主主義を獲得し実践することを通じて、私たち自身がそうした閉塞を乗り超え、希望の時代の幕開けを告げてゆくことは不可能ではあるまい。そのために、いま求められていること――それは、個と個の間で開かれた対話を積み重ねながら、人間らしく生きることの条件について一人ひとりが粘り強く思考することではないか。その営みの糧となるものが、教養に外ならないと私たちは考える。歴史とは何か、よく生きるとはいかなることか、世界そして人間はどこへ向かうべきなのか――こうした根源的な問いとの格闘が、文化と知の厚みを作り出し、個人と社会を支える基盤としての教養となった。まさにそのような教養への道案内こそ、岩波新書が創刊以来、追求してきたことである。

岩波新書は、日中戦争下の一九三八年一一月に赤版として創刊された。創刊の辞は、道義の精神に則らない日本の行動を憂慮し、批判的精神と良心的行動の欠如を戒めつつ、現代人の現代的教養を刊行の目的とする、と謳っている。以後、青版、黄版、新赤版と装いを改めながら、合計二五〇〇点余りを世に問うてきた。そして、いままた新赤版が一〇〇〇点を迎えたのを機に、人間の理性と良心への信頼を再確認し、それに裏打ちされた文化を培っていく決意を込めて、新しい装丁のもとに再出発したいと思う。一冊一冊から吹き出す新風が一人でも多くの読者の許に届くこと、そして希望ある時代への想像力を豊かにかき立てることを切に願う。

（二〇〇六年四月）